21世纪高等学校计算机规划教材

21st Century University Planned Textbooks of Computer Science

大学计算机基础实践教程（第3版）

Experiment Instructions for University Basic Computer Science (3rd Edition)

陈维　曹惠雅　杨有安　编

U0342419

高校系列

人民邮电出版社

北京

图书在版编目（CIP）数据

大学计算机基础实践教程 / 陈维，曹惠雅，杨有安编. -- 3版. -- 北京：人民邮电出版社，2014.10（2016.7重印）
21世纪高等学校计算机规划教材. 高校系列
ISBN 978-7-115-36167-7

Ⅰ. ①大… Ⅱ. ①陈… ②曹… ③杨… Ⅲ. ①电子计算机－高等学校－教材 Ⅳ. ①TP3

中国版本图书馆CIP数据核字(2014)第194889号

内 容 提 要

　　本书是《大学计算机基础教程（第3版）》的配套教材。本书对主教材的计算机基础知识、操作系统、办公应用软件、计算机网络、数据库应用、多媒体基础、计算机安全等内容的重点及难点进行总结，对重点难点题型进行分析，并附加各种题型的练习，以此帮助读者加深对计算机基础知识的理解。本书最后一部分为上机实验，每个实验包括实验目的与要求、实验步骤及实验任务，以此帮助读者提高实际操作与运用计算机的能力。本书与主教材互为补充，相辅相成，对读者理解教材，掌握计算机的基本知识，提高计算机的应用能力十分有益。

　　本书适合作为高等学校计算机基础课程的辅导教材，也可作为等级考试辅导教材和从事计算机应用的科技人员的自学参考书。

　◆　编　　　　　陈　维　曹惠雅　杨有安
　　　责任编辑　　武恩玉
　　　执行编辑　　刘向荣
　　　责任印制　　彭志环　杨林杰

　◆　人民邮电出版社出版发行　　北京市丰台区成寿寺路 11 号
　　　邮编　100164　电子邮件　315@ptpress.com.cn
　　　网址　http://www.ptpress.com.cn
　　　三河市海波印务有限公司印刷

　◆　开本：787×1092　　1/16
　　　印张：9.5　　　　　　　　　　　2014 年 10 月第 3 版
　　　字数：247 千字　　　　　　　　2016 年 7 月河北第 3 次印刷

定价：22.00 元
读者服务热线：**(010)81055256**　印装质量热线：**(010)81055316**
反盗版热线：**(010)81055315**
广告经营许可证：京东工商广字第 8052 号

第 3 版前言

作为《大学计算机基础教程（第 3 版）》的配套实践教材，本书自 2008 年 9 月第 1 版问世以来，受到了广大读者的欢迎。2010 年本书发行了第 2 版，其中将 IE 6.0 改为 IE 7.0，并新增加了多媒体技术部分，对各章重点及难点进行了总结，对重点难点题型进行了分析，并附有大量的练习，以此帮助读者加深对计算机基础知识的理解。

为了适应计算机科学技术和应用技术的迅猛发展，适应高等学校新生知识结构的变化，我们根据教育部非计算机专业计算机基础课程教学指导分委员会提出的《关于进一步加强高校计算机基础教学的意见》中有关"大学计算机基础"课程教学的要求，对本书进行第 3 次的改版。

本次改版是为了配合《大学计算机基础教程（第 3 版）》的变化，其中，Windows XP 改为 Windows 7，Office 2003 改为 Office 2010，IE 7.0 改为 IE 11 等。本书采用最主流的软件平台，介绍了当代大学生应该掌握的最基本的常识及技能。全书以实验的形式引导学生从实践出发，由浅入深地引导学生掌握计算机的基本操作方法，解决计算机在日常应用中的常见问题。

本书最后一章为上机实验，与课堂教学内容相对应。每个实验包括实验目的与要求、操作步骤及实验任务，读者可以按照本书的指导，边操作边学习。

本书适合作为高等学校计算机基础课程的辅导教材，也可作为等级考试辅导教材和从事计算机应用的科技人员的自学参考书。

全书由陈维、曹惠雅、杨有安编写。其中第 1 章、第 3 章、第 6 章和第 8 章中部分实验由曹惠雅编写；第 2 章、第 4 章、第 5 章、第 7 章和第 8 章中部分实验由陈维编写。杨有安负责全书规划和统稿工作。本书在编写过程中得到了文华学院各级领导的大力支持，在此特表感谢。

由于编者水平有限，书中难免存在疏漏和不足之处，敬请读者批评指正。

编 者
2014 年 7 月

目 录

第1章　计算机基础概述 1

1.1　重点与难点 1
1.2　重点与难点习题解析 1
1.3　习题 4
1.4　参考答案 13

第2章　操作系统 19

2.1　重点与难点 19
2.2　重点与难点习题解析 19
2.3　习题 27
2.4　参考答案 37

第3章　办公应用软件及其应用 42

3.1　重点与难点 42
3.2　重点与难点习题解析 43
3.3　习题 48
3.4　参考答案 60

第4章　计算机网络基础 63

4.1　重点与难点 63
4.2　重点与难点习题解析 63
4.3　习题 69
4.4　参考答案 76

第5章　数据库基础及 Access 的应用
.... 79

5.1　重点与难点 79

5.2　重点与难点习题解析 79
5.3　习题 81
5.4　参考答案 84

第6章　多媒体基础 88

6.1　重点与难点 88
6.2　重点与难点习题解析 88
6.3　习题 89
6.4　参考答案 99

第7章　计算机安全 103

7.1　重点与难点 103
7.2　习题 103
7.3　参考答案 104

第8章　上机指导 107

实验 1　Internet 基础应用 107
实验 2　计算机基础训练与打字练习 110
实验 3　Windows 7 的使用 114
实验 4　中文 Word 2010 的使用 120
实验 5　中文 Excel 2010 的使用 124
实验 6　中文 PowerPoint 2010 的使用 129
实验 7　Internet 综合应用 132
实验 8　网页制作 134
实验 9　Access 数据库的应用 136
实验 10　Photoshop CS5 的使用 139
实验 11　Flash CS5 的使用 143

第1章
计算机基础概述

1.1　重点与难点

1. 计算机的组成
2. 计算机的工作原理
3. 计算机语言的发展
4. 不同数制间的转换
5. 计算机中信息的编码

1.2　重点与难点习题解析

【例题 1–1】存储器中的信息可以是指令，也可以是数据，计算机是靠_____来判别的。

A. 最高位是 1 还是 0　　　　　　　　B. 存储单元的地址

C. ASCII 码表　　　　　　　　　　D. CPU 执行程序的过程

【解析】

存储器所保存的指令和数据都是以二进制形式存储的。从形式上看，它们之间没有什么区别。微型计算机的工作过程是在 CPU 控制下逐条执行程序指令的过程。若要执行一次运算，首先要取指令，此时 CPU 从存储器中取出的是指令而不是一般的数据。然后对指令进行译码产生各种定时控制信号，进入指令执行阶段，此时再从存储器取来的就是为完成指令所规定运算任务需要的数据。所以本题的正确答案应选 D，而答案 A、B 和 C 都不是判别是指令还是数据的根据。

【正确答案】D

【例题 1–2】机器指令是由二进制代码表示的，它能被计算机_____。

A. 编译后执行　　B. 直接执行　　C. 解释后执行　　　D. 汇编后执行

【解析】

机器指令是由二进制代码表示的，在计算机内部，只有二进制代码能被计算机的硬件系统理解并直接执行。所以正确的答案为 B。

【正确答案】B

【例题 1-3】从第一代电子计算机到第四代计算机的体系结构都是相同的，都是由运算器、控制器、存储器以及输入输出设备组成的，称为_____体系结构。

A．艾伦·图灵　　　　　　　　　　B．罗伯特·诺依斯

C．比尔·盖茨　　　　　　　　　　D．冯·诺依曼

【解析】

美籍匈牙利科学家冯·诺依曼对科学的贡献很多，他最重大的贡献之一是确立了现代计算机的基本结构，被称为冯·诺依曼体系结构。

1944 年 7 月，冯·诺依曼在莫尔电气工程学院参观了正在组装的 ENIAC 计算机。参观后，他开始构思一个更完整的计算机体系方案。1946 年，他撰写了一份《关于电子计算机逻辑结构初探》的报告。该报告总结了莫尔学院小组的设计思想，描述了新机器的逻辑系统和结构，提出了在电子计算机中存储程序的全新概念，奠定了存储程序式计算机的理论基础。这份报告是人类计算机发展史上一个重要的里程碑。根据冯·诺依曼提出的改进方案，不久便研制出了人类第一台具有存储程序功能的计算机——EDVAC。

EDVAC 计算机由运算器、控制器、存储器、输入和输出这五个部分组成，它使用二进制进行运算操作。人们在使用时，可将指令和数据一起存储到计算机中，使计算机能按事先存入的程序自动执行。EDVAC 计算机的问世，使冯·诺依曼提出的存储程序的思想和结构设计方案成为现实，并奠定了计算机的冯·诺依曼结构形式。

冯·诺依曼在 20 世纪 40 年代提出的计算机设计原理，对计算机的发展产生了深远的影响，时至今日仍是计算机设计制造的理论基础。因此，现代的电子计算机仍然被称为冯·诺依曼计算机。

【正确答案】D

【例题 1-4】微型计算机工作期间，对电源的要求主要有两点：一是_____，二是不能断电。

【解析】

微型计算机工作期间，对电源的要求主要是电压要稳和不能断电。电压不稳不仅会造成磁盘驱动器运行不稳定从而导致读写错误，还会影响显示器和打印机的正常工作，因此应该使用稳压电源。要保证不断电，最好是安装不间断供电电源（UPS）。

【正确答案】稳压

【例题 1-5】微型计算机的硬件系统主要是由_____组成的。

A．主机　　　　　　　　　　　　　B．外设

C．主机和外设　　　　　　　　　　D．微处理器、输入设备和输出设备

【解析】

微型计算机的硬件系统主要是由主机和外设两大部分组成的。其中主机是由微处理器（将运算器、控制器集成在一块电路芯片上形成微处理器，又称为中央处理器，即 CPU）和内存储器两部分构成的；而外设是由外存储器、输入设备、输出设备、网卡和调制解调器等部分构成的。

所以，本题的正确答案为 C。而答案 A、B、D 均不是完整的硬件系统，无一可取。

【正确答案】C

【例题 1-6】计算机系统包括_____。

A．主机和外设　　　　　　　　　　B．硬件系统和软件系统

C．主机和各种应用程序　　　　　　D．运算器、控制器和存储器

【解析】

计算机系统是由硬件系统和软件系统两大部分组成的。答案 A 和 D 只提到了有关的硬件，根

本未涉及软件，所以是不正确的。而答案 C 所提到的只是硬件系统和软件系统中的部分内容，但不是全部，因此本题的正确答案应该是 B。

【正确答案】B

【例题 1-7】CPU 不能直接访问的存储器是_____。

A. 内存储器　　　B. 外存储器　　　C. ROM　　　D. RAM

【解析】

计算机的存储器可分为两大类：一类是内部存储器，简称内存储器、内存或主存；另一类是外部存储器，又称为辅助存储器，简称外存或辅存。

内存储器包括随机存储器（RAM）和只读存储器（ROM）两部分，用来存放当前正在使用的，或者随时要使用的程序或数据。CPU 可以直接对内存储器进行访问。

外存储器通常使用的有软磁盘存储器、硬磁盘存储器和只读光盘存储器（CD-ROM）。外存储器一般用来存放需要永久保存的或相对来说暂时不用的各种程序和数据。CPU 不能直接访问外存储器，必须先将外存储器中的信息调入内存储器中才能为 CPU 所利用。

【正确答案】B

【例题 1-8】断电后会使得_____中所存储的数据丢失。

A. ROM　　　B. RAM　　　C. 磁盘　　　D. 光盘

【解析】

计算机中的全部信息都存放在存储器中。计算机的存储器可分为内存储器和外存储器两类。

内存储器包括 RAM 和 ROM 两部分。RAM 是随机存储器，存放现场的数据和程序。RAM 中的内容可读可写，故又称为读写存储器。RAM 中的数据由电路的状态表示，断电后信息立即消失。ROM 是只读存储器，存放内容不变的信息，ROM 中的内容只能读，而不能改写。ROM 中的数据由电路的结构表示，断电后信息不会丢失，可靠性高。

磁盘、光盘属于外存储器，断电后其中所存储的数据不会丢失。

【正确答案】B

【例题 1-9】软磁盘上第_____磁道最重要，一旦损坏，该盘就不能使用了。

【解析】

软磁盘的磁道编号是从外向内依次增大的，最外面的磁道是第 0 磁道，第 0 磁道最重要，一旦损坏，磁盘就不能使用了。

【正确答案】0

【例题 1-10】计算机的工作过程是_____。

A. 执行源程序的过程　　　　　　B. 执行汇编程序的过程

C. 执行编译程序的过程　　　　　D. 执行程序的过程

【解析】

计算机的工作过程是执行程序的过程。执行程序的过程就是执行指令序列的过程，也就是周而复始地取指令、执行指令的过程。执行源程序、汇编程序和编译程序的过程，虽然也是执行程序的过程，但由于增加了某种限定，所以缺乏全面性。本题正确答案为 D。

【正确答案】D

【例题 1-11】下列字符中，ASCII 码值最大的是_____。

A. K　　　　　B. v　　　　　C. 9　　　　　D. a

【解析】

计算机中对非数值的文字和其他符号进行处理时，要对文字和符号进行数字化处理，即用二进制编码来表示文字和符号。字符编码就是规定用怎样的二进制编码来表示文字和符号。ASCII 码（美国标准信息交换代码）是目前计算机系统中使用最广泛的字符编码。

ASCII 码有 7 位版本和 8 位版本两种。国际上通用的是 7 位版本。7 位版本的 ASCII 码包含了 10 个阿拉伯数字、52 个大小写英文字母、32 个标点符号和运算符号，以及 34 个通用控制符，共计 128 个字符，所以可用 7 位码（$2^7=128$）来表示。若要把这 128 个字符的 ASCII 码值都背下来很难，也没有必要。但是，一些主要字符的 ASCII 码值从小到大的大致顺序应该记住，这是极容易做到的。其大致顺序如下：先是空格（十六进制 20），数字 0～9（十六进制 30 开始依次排列），大写英文字母 A～Z（十六进制 41 开始依次排列），小写英文字母 a～z（十六进制 61 开始依次排列）。所以任何字母的 ASCII 码值比任何数字字符的都大，任何小写字母的 ASCII 码值比任何大写字母的大，同样是大写或同样是小写则按字母表的顺序 A(a)最小、Z(z)最大，空格比所有字符都小。由此可知，该题中 ASCII 码值最大的字符是 v。

【正确答案】 B

【例题 1-12】 下列不同进制的 4 个数中，最大的一个数是_____。

    A.（1010011）$_2$ B.（257）$_8$ C.（689）$_{10}$ D.（1FF）$_{16}$

【解析】

要比较 4 个数的大小，可以将它们都转换成同一进制，例如都转换成十进制的数，再进行比较，从中找出最大的数。显然比较麻烦。还可以不进行转换计算，而是运用所学的知识进行分析找出正确答案。如果能记住每一位的权值，则很快便能计算出各个数的大小。例如：

$(1010011)_2 < 2^7$，而 $2^7 = 128$

$(257)_8 = 2 \times 8^2 + 5 \times 8^1 + 7 \times 8^0 = 175$

$(1FF)_{16} = 1 \times 16^2 + 15 \times 16^1 + 15 \times 16^0 = 511$

显然答案 C 是正确的。

【正确答案】 C

【例题 1-13】 存储 800 个 24×24 点阵的汉字字形所需的存储容量是_____KB。

    A. 56.25   B. 57.6   C. 128   D. 255

【解析】

汉字字形点阵中，每个点的信息要用一位二进制码来表示。对于 24×24 点阵的字形码需要用 72 个字节（24×24/8 = 72）表示。800 个汉字需要的存储容量是 72×800=57 600（字节）。题目要求存储容量以 KB 为单位，因为 1KB 为 1 024 字节，所以 57 600/1 024=56.25（KB），因此答案 A 是正确的。

【正确答案】 A

1.3 习 题

1.3.1 选择题

1. 大规模和超大规模集成电路芯片组成的微型计算机属于第（　　）代计算机。

    A. 一   B. 二   C. 三   D. 四

2. 计算机发展阶段的划分是以（　　　）作为标志的。

A. 程序设计语言　　　B. 存储器　　　　　　C. 逻辑元件　　　D. 运算速度

3. 第一台电子计算机使用的逻辑部件是（　　　）。

A. 集成电路　　　　　B. 大规模集成电路　　C. 晶体管　　　　D. 电子管

4. 目前普遍使用的微型计算机，所采用的逻辑元件是（　　　）。

A. 电子管　　　　　　　　　　　　　　　B. 大规模和超大规模集成电路

C. 晶体管　　　　　　　　　　　　　　　D. 小规模集成电路

5. 计算机的发展阶段通常是按计算机所采用的（　　　）来划分的。

A. 内存容量　　　　　B. 电子器件　　　C. 程序设计语言　　D. 操作系统

6. 一个完整的计算机系统包括（　　　）。

A. 计算机及其外部设备　　　　　　　　　B. 主机、键盘、显示器

C. 系统软件与应用软件　　　　　　　　　D. 硬件系统与软件系统

7. 在微型计算机系统中，硬件和软件的关系是（　　　）。

A. 在一定条件下可以相互转化的关系　　　B. 等效关系

C. 相互独立的关系　　　　　　　　　　　D. 密切相关和互相依存的关系

8. 微型计算机硬件系统中最核心的部件是（　　　）。

A. 存储器　　　　　　B. 输入输出设备　　C. CPU　　　　　D. UPS

9. 在微型计算机中，主机由微处理器与（　　　）组成。

A. 运算器　　　　　　B. 磁盘存储器　　　C. 软盘存储器　　D. 内存储器

10. 微型计算机的微处理器包括（　　　）。

A. 运算器和主存　　　　　　　　　　　　B. 控制器和主存

C. 运算器和控制器　　　　　　　　　　　D. 运算器、控制器和主存

11. 微型计算机的运算器、控制器及内存储器总称是（　　　）。

A. CPU　　　　　　　B. ALU　　　　　　C. 主机　　　　　D. MPU

12. "CPU" 的中文名称是（　　　）。

A. 中央处理器　　　　B. 内存储器　　　C. 运算器　　　　D. 控制器

13. 处理器中用于临时存放数据的是（　　　）。

A. 内存　　　　　　　B. RAM　　　　　C. ROM　　　　　D. 寄存器

14. 能指挥和协调计算机各部件工作的是（　　　）。

A. 总线　　　　　　　B. 存储器　　　　C. 控制器　　　　D. 运算器

15. 下面关于 ROM 的说法中，不正确的是（　　　）。

A. CPU 不能向 ROM 随机写入数据　　B. ROM 中的内容在断电后不会消失

C. ROM 是只读存储器的英文缩写　　D. ROM 是只读的，所以它不是内存而是外存

16. （　　　）是内存储器中的一部分，CPU 对它只取不存。

A. RAM　　　　　　　B. CD-ROM　　　C. ROM　　　　　D. 硬盘

17. 微型计算机能处理的最小数据单位是（　　　）。

A. ASCII 码字符　　　B. 字节　　　　　C. 字符串　　　　D. 比特（二进制位）

18. 在微型计算机中，信息存储的基本单位是（　　　）。

A. 字长　　　　　　　B. 字节　　　　　C. 磁道　　　　　D. 扇区

19. 一个字节所能表示的最大的十六进制数为（　　　）。

A. 255   B. 256   C. 8F   D. FF

20. 存储容量 1MB 等于（   ）。

A. 1 000×1 000   B. 1 000×1 024

C. 1 024×1 000   D. 1 024×1 024

21. 存储容量 1GB 等于（   ）。

A. 1 000×1 000×1 000   B. 1 000×1 024×1 024

C. 1 024×1 000   D. 1 024×1 024×1 024

22. 在微型计算机中，其内存容量为 8M 指的是（   ）。

A. 8M 位   B. 8M 字节   C. 8M 字   D. 8 000K 字

23. 内存和外存相比，其主要特点是（   ）。

A. 能存储大量信息   B. 能长期保存信息

C. 存取速度快   D. 能同时存储程序和数据

24. 在微型计算机中，访问速度最快的存储器是（   ）。

A. 硬盘   B. 软盘   C. 光盘   D. 内存

25. 显示器显示图像的清晰度，主要取决于显示器的（   ）。

A. 对比度   B. 亮度   C. 尺寸   D. 分辨率

26. 若在计算机工作时，使用了存盘命令，那么信息将存放在（   ）中。

A. 硬盘   B. RAM   C. ROM   D. CD-ROM

27. 微型计算机中的外存储器，可以与下列（   ）部件直接进行数据传送。

A. 运算器   B. 控制器   C. 微处理器   D. 内存储器

28. 硬磁盘与软磁盘相比，具有（   ）特点。

A. 存储容量小，工作速度快   B. 存储容量大，工作速度快

C. 存储容量小，工作速度慢   D. 存储容量大，工作速度慢

29. 磁盘和磁面是由很多个半径不同的同心圆组成的，这些同心圆称为（   ）。

A. 扇区   B. 磁道   C. 柱面   D. 簇

30. 下列技术指标中，主要影响显示器显示清晰度的是（   ）。

A. 对比度   B. 亮度   C. 刷新率   D. 分辨率

31. 下列设备中既是输入设备又是输出设备的是（   ）。

A. 磁盘驱动器   B. 键盘   C. 显示器   D. 鼠标器

32. 下面不是输出设备的是（   ）。

A. 键盘   B. 打印机   C. 显示器   D. 音箱

33. 可用于大小写字母转换的键是（   ）。

A. <ESC>   B. <CapsLock>   C. <Shift>+字母键   D. <NumLock>

34. 可对副键盘区数字锁定的键是（   ）。

A. <ESC>   B. <CapsLock>   C. <Shift>+字母键   D. <NumLock>

35. 计算机的软件系统包括（   ）。

A. 程序与数据   B. 系统软件与应用软件

C. 操作系统与语言处理程序   D. 程序、数据与文档

36. 应用软件是指（   ）。

A. 所有能够使用的软件

B．能被各应用单位共同使用的某种软件

C．所有微型计算机上都应使用的基本软件

D．专门为解决某一问题编制的软件

37．在下列软件中，不属于系统软件的是（　　　　）。

A．编译软件　　　　B．操作系统　　　　C．数据库管理系统　　　　D．C 语言源程序

38．下列软件中，不属于应用软件的是（　　　　）。

A．认识档案管理程序　　　　　　　　B．工资管理程序

C．WPS 汉字处理系统　　　　　　　　D．操作系统

39．计算机系统的硬件系统由（　　　　）组成。

A．内存、外存和输入输出设备　　　　B．CPU 和输入输出设备

C．主机、显示器和键盘　　　　　　　D．运算器、控制器、存储器和输入/输出设备

40．CPU 能直接访问的存储部件是（　　　　）。

A．软盘　　　　　B．光盘　　　　　C．内存　　　　　D．硬盘

41．指挥、协调计算机工作的设备是（　　　　）。

A．控制器　　　　B．运算器　　　　C．存储器　　　　D．调制解调器

42．微型计算机中运算器的主要功能是（　　　　）。

A．控制计算机的运行　　　　　　　　B．算术运算和逻辑运算

C．分析指令并执行　　　　　　　　　D．负责存取存储器中的数据

43．CPU 中控制器的功能是（　　　　）。

A．进行逻辑运算　　　　　　　　　　B．进行算术运算

C．分析指令并发出相应的控制信号　　D．只控制 CPU 的工作

44．计算机内进行算术与逻辑运算的功能部件是（　　　　）。

A．硬盘驱动器　　　B．运算器　　　　C．控制器　　　　D．RAM

45．计算机发展的方向是巨型化、微型化、网络化、智能化。其中"巨型化"是指（　　　　）。

A．体积大　　　　　　　　　　　　　B．功能更强、运算速度更高、存储容量更大

C．重量大　　　　　　　　　　　　　D．外部设备更多

46．计算机能够直接识别和处理的语言是（　　　　）。

A．汇编语言　　　　B．自然语言　　　C．机器语言　　　　D．高级语言

47．机器语言使用的编码是（　　　　）。

A．ASCII 码　　　　B．二进制编码　　C．英文字母　　　　D．汉字国标码

48．下列关于高级语言的叙述中，正确的是（　　　　）。

A．高级语言除了语法不同，它们的用途是大致相同的

B．不同的高级语言可以使用同一个编译软件

C．用编译方式运行程序要比用解释方式快

D．BASIC 语言和 C 语言都是使用编译的翻译方式

49．由二进制数编码构成的语言是（　　　　）。

A．汇编语言　　　　B．高级语言　　　C．自然语言　　　　D．机器语言

50．用户用计算机高级语言编写的程序通常称为（　　　　）。

A．源程序　　　　　B．目标程序　　　C．汇编程序　　　　D．二进制代码程序

51．CAI 指的是（　　　　）。

A．系统软件　　　　　　　　　　　　B．计算机辅助教学软件

C．计算机辅助设计软件　　　　　　　D．办公自动化系统

52．CAD 是计算机主要应用领域，它的含义是（　　　　）。

A．计算机辅助教育　　　　　　　　　B．计算机辅助测试

C．计算机辅助设计　　　　　　　　　D．计算机辅助管理

53．CAM 英文缩写的意思是（　　　　）。

A．计算机辅助教学　　　　　　　　　B．计算机辅助设计

C．计算机辅助测试　　　　　　　　　D．计算机辅助制造

54．如果一个存储单元能存放 1 个字节，则容量为 32KB 的存储器中的存储单元个数为（　　　　）。

A．32 000　　　　B．32 768　　　　C．32 767　　　　D．65 536

55．在计算机内部，一切信息的存取、处理和传送的形式是（　　　　）。

A．ASCⅡ码　　　B．八进制　　　　C．二进制　　　　D．十六进制

56．下列选项中，（　　　　）不是计算机中采用二进制的原因。

A．物理器件容易找到　　　　　　　　B．运算规则简单

C．把逻辑运算与算术运算联系了起来　D．能提高运算速度

57．执行下列二进制算术加运算：01010100 + 10010011 的运算结果是（　　　　）。

A．11100111　　B．11000111　　C．00010000　　　　D．11101011

58．执行下列二进制算术加运算：11000101－10010010 的运算结果是（　　　　）。

A．1010111　　　B．10000000　　C．1101000　　　　D．0110011

59．十进制的整数化为二进制整数的方法是（　　　　）。

A．乘 2 取整法　　　　　　　　　　　B．除 2 取整法

C．乘 2 取余法　　　　　　　　　　　D．除 2 取余法

60．下列各种进制的数中，最小的数是（　　　　）。

A．$(101001)_B$　　B．$(52)_O$　　C．$(2B)_H$　　　　D．$(44)_D$

61．下列 4 个不同进制的数中，数值最大的是（　　　　）。

A．$(227)_8$　　　B．$(1FF)_{16}$　　C．$(110100001)_2$　　D．$(1789)_{10}$

62．二进制数 1110111.11 转换成十进制数是（　　　　）。

A．119.375　　　B．119.75　　　　C．119.125　　　　D．119.3

63．将二进制数 1101001 转换成八进制数是（　　　　）。

A．151　　　　　B．161　　　　　C．150　　　　　　D．160

64．与二进制数 101101.101 等值的十六进制数是（　　　　）。

A．2D.A　　　　B．22D.A　　　　C．2B.A　　　　　D．2B.5

65．与十进制数 97 等值的二进制数是（　　　　）。

A．1011111　　　B．1000001　　　C．1101111　　　　D．1100011

66．十进制小数 0.625 转换成十六进制小数是（　　　　）。

A．$(0.A)_{16}$　　B．$(0.1)_{16}$　　C．$(0.01)_{16}$　　　D．$(0.001)_{16}$

67．十进制数 49.875 转换成八进制数是（　　　　）。

A．$(7.61)_8$　　B．$(16.7)_8$　　C．$(60.7)_8$　　　D．$(61.7)_8$

68．与十六进制数 BB 等值的十进制数是（　　　　）。

A．187　　　　　B．188　　　　　C．185　　　　　　D．186

69. 将八进制数 35.54 转换成十进制数是（　　　）。

A. 29.127 5　　　　B. 29.121 5　　　　C. 29.062 5　　　　　　D. 29.687 5

70. 在下列无符号十进制整数中，能用 8 位二进制表示的是（　　　）。

A. 3.55　　　　　　B. 256　　　　　　C. 317　　　　　　　　D. 289

71. 数 1100BH（　　　）。

A. 表示是一个二进制数　　　　　　　　B. 表示是一个十六进制数

C. 表示是一个二进制数或十六进制数　　D. 是一个错误的表示

72. 对于 R 进制数来说，其基数（能使用的数字符号个数）是（　　　）。

A. R−1　　　　　　B. R　　　　　　　C. R+1　　　　　　　D. 2R

73. 在 R 进制数中，能使用的最小数字符号是（　　　）。

A. −1　　　　　　B. 1　　　　　　　C. 0　　　　　　　　D. R−1

74. 计算机中的机器数有 3 种表示方法，不属于这三种表示方式的是（　　　）。

A. 反码　　　　　　B. 原码　　　　　C. 补码　　　　　　　D. ASCII 码

75. 一个带符号的 8 位二进制整数，若采用原码表示，其数值范围为（　　　）。

A. −128 ~ +128　B. −127 ~ +127　C. −128 ~ +127　　　　D. −127 ~ +128

76. 用补码表示的、带符号的 8 位二进制数，可表示的整数范围是（　　　）。

A. −128 ~ +127　B. −128 ~ +128　C. −127 ~ +127　　　　D. −127 ~ +128

77. 二进制数 "+1110110" 的原码表示是（　　　）。

A. 00001001　　　B. 11110110　　　C. 01110110　　　　　D. 00001010

78. 二进制数 "−1110100" 的原码表示是（　　　）。

A. 00101010　　　B. 11110100　　　C. 111101100　　　　　D. 10101011

79. 二进制数 "+1010100" 的补码表示是（　　　）。

A. 00101010　　　B. 01010100　　　C. 10101100　　　　　D. 10101011

80. 二进制数 "−1010100" 的补码表示是（　　　）。

A. 00101010　　　B. 1101111110100　C. 10101100　　　D. 10101011

81. 已知 x 的补码为 10011000，其真值为（　　　）。

A. −1100110　　　B. −1100111　　　C. 0011000　　　　　D. −1101000

82. 已知 x 的原码为 1100111111000，y 的原码为 10001000，则 x+y 的补码为（　　　）。

A. 01010000　　　B. 11010000　　　C. 10110010　　　　　D. 10101111

83. 十进制数 43 的 8 位二进制原码是（　　　）。

A. 00110101　　　B. 00101011　　　C. 10110101　　　　　D. 10101011

84. 十进制数 43 的 8 位二进制反码是（　　　）。

A. 00101011　　　B. 10101011　　　C. 00110101　　　　　D. 10110101

85. 十进制负数−61 的 8 位二进制原码是（　　　）。

A. 00101111　　　B. 00111101　　　C. 10101111　　　　　D. 10111101

86. 十进制负数−61 的 8 位二进制反码是（　　　）。

A. 01000010　　　B. 01010000　　　C. 11000010　　　　　D. 11010000

87. 补码 10110110 代表的十进制负数是（　　　）。

A. −54　　　　　　B. −68　　　　　　C. −74　　　　　　　D. −48

88. 十进制数−75 用二进制数 10110101 表示，其表示方式是（　　　）。

A. 原码　　　　　B. 补码　　　　　C. 反码　　　　　　　　D. ASCII 码

89. 在 ASCII 编码中，以下（　　　）是等价的。

A. "a" 和 "A"　　　　　　　　　　B.（41）$_{10}$ 与 "A"

C.（41）$_{16}$ 与 "A"　　　　　　　　D.（41）$_{16}$ 与 "a"

90. 汉字国标码规定，每个汉字用（　　　）字节表示。

A. 1　　　　　　　B. 2　　　　　　　C. 3　　　　　　　　　D. 4

91. 一个 16×16 点阵的字模用（　　　）字节存储。

A. 16　　　　　　B. 32　　　　　　　C. 64　　　　　　　　　D. 256

92. 要存放 10 个 24×24 点阵的汉字字模，需要（　　　）存储空间。

A. 74B　　　　　　B. 320B　　　　　　C. 720B　　　　　　　D. 72KB

93. 汉字字库中存放的是汉字的（　　　）。

A. 内码　　　　　　B. 输入码　　　　　C. 字形码　　　　　　D. 外码

94. 将汉字输入计算机内的编码称为（　　　）。

A. 外码　　　　　　B. 内码　　　　　　C. 字形码　　　　　　D. 国标码

95. 计算机的 CPU 每执行一个（　　　），就完成一步基本运算或判断。

A. 语句　　　　　　B. 指令　　　　　　C. 程序　　　　　　　D. 软件

96. 计算机数据处理指的是（　　　）。

A. 数据的录入和打印　　　　　　　　　　B. 数据的计算

C. 计算机进行数据的收集、加工、存储和传送等的过程　　　D. 数据库的使用

97. 要使用外存储器中的信息，应先将其调入（　　　）。

A. 控制器　　　　　B. 运算器　　　　　C. 微处理器　　　　　D. 内存储器

98. 软磁盘格式化时，被划分为一定数量的同心圆磁道，软盘上最外圈的磁道是（　　　）。

A. 0 磁道　　　　　B. 39 磁道　　　　　C. 1 磁道　　　　　　D. 80 磁道

99. 被称作"裸机"的计算机是指（　　　）。

A. 没安装外部设备的微型计算机　　　B. 没安装任何软件的微型计算机

C. 大型机器的终端机　　　　　　　　D. 没有硬盘的微型计算机

100. 系统软件中最重要的是（　　　）。

A. 操作系统　　　　B. 语言处理程序　　C. 工具软件　　　　　D. 数据库管理系统

1.3.2　填空题

1. 如果用 8 位二进制补码表示带符号的定点整数，则能表示的十进制数的范围是_____。

2. 一条指令的执行通常可分为取指、译码和_____3 个阶段。

3. 与十进制数 510 等值的二进制数是_____。

4. 大写英文字母的 ASCII 码值比小写英文字母的 ASCII 码值_____。

5. 用来表示计算机辅助设计的英文缩写是_____。

6. 以"存储程序"概念为基础的各类计算机统称为_____。

7. 大规模和超大规模集成电路芯片组成的微型计算机属于现代计算机的第_____代计算机。

8. CAI 表示计算机_____，CAM 表示计算机_____。

9. 一个完整的计算机系统是由_____和_____两大部分组成的。

10. 计算机硬件系统由_____、_____、_____、_____和_____5 部分组成。

11. _____是整个微型计算机硬件系统的核心部件，也是整个系统最高的执行单位，主要由_____和_____组成。

12. _____是对信息进行加工运算的部件。运算器能对数据进行_____运算和_____运算。

13. CPU 通过_____与外部设备交换信息。

14. 计算机的主机是由_____和_____组成。

15. 中央处理器的英文缩写是_____，随机存储器的英文缩写是_____，只读存储器的英文缩写是_____。

16. 根据工作方式的不同，可将存储器分为_____和_____两种。

17. 在内存储器中只能读出不能写入的存储器叫做_____。

18. 计算机断电后，_____中的信息会消失。

19. 在计算机工作时，_____用来存储当前正在使用的程序和数据。

20. 微型计算机的主要性能指标有_____、_____、_____和内存容量。

21. 主频指计算机时钟信号的频率，通常以_____为单位。

22. 计算机中字节的英文名字为_____。反映计算机存储容量的基本单位是_____。在表示存储容量时，1MB 表示 2 的_____次方。

23. bit 的意思是_____。

24. 若 16 位字长的主存储器容量为 640KB，表示主存储器有_____ Byte 存储空间。

25. 1KB=_____B；1MB=_____KB；1GB=_____MB。

26. 1MB 的存储空间最多能存储_____个 16×16 点阵的汉字字形的汉字（内码）。

27. 总线是连接计算机各部件的一簇公共信号线，由_____总线、_____总线和控制总线组成。

28. 微型计算机中，I/O 设备的含义是_____设备。

29. 通常用屏幕水平方向上显示的点数乘垂直方向上显示的点数来表示显示器清晰程度，该指标称为_____。

30. 要输入键盘上的上档字符，需同时按下_____和相应的字符键。

31. 键盘上能用于切换"插入"与"覆盖（改写）"两种状态的双态键是_____键。

32. 数字化仪属于计算机的_____设备。

33. 在计算机工作时，内存储器用来存储_____。

34. 能把计算机处理的结果转换成为文本、图形、图像或声音等形式并输送出来的设备称为_____设备。

35. 计算机系统与外部交换信息主要通过_____。

36. 计算机系统默认的输入设备是（键盘），默认的输出设备是_____。

37. 为解决某一特定问题而设计的指令的集合称为_____。

38. 软件系统分为系统软件和应用软件，科学计算程序包属于_____软件，诊断程序属于_____软件，Windows XP 属于计算机_____软件。

39. 汇编语言是一种_____。

40. 将高级语言编写的程序翻译成机器语言程序，采用的两种翻译方式是_____和_____。

41. 用各种高级语言编制的具有不同功能的程序及其所处理的_____统称为软件。

42. 用任何计算机高级语言编写的程序（未经过编译）习惯上称为_____。

43. 计算机语言可分为机器语言、汇编语言和_____语言。

44．微型计算机能识别并能直接执行的语言是_____语言。

45．由二进制编码构成的语言是_____语言。

46．在计算机内部，一切信息均表示为_____数。

47．八进制的基数为 8，能使用的数字符号个数为_____。

48．在微型计算机的汉字系统中，一个汉字的内码占_____字节。

49．十进制数 0.44 转换成小数点后有 8 位的二进制小数为_____，该二进制小数实际的十进制值为_____。

50．十六进制数 0.1 所对应的十进制数为_____，它所对应的二进制数为_____。

51．二进制数 11101.10101 对应的十六进制数为_____，它所对应的十进制为_____。

52．十进制数 85.875 对应的二进制数为_____，它所对应的十六进制数为_____。

53．有符号的十进制整数 +45 用 8 位二进制数表示为_____，它所对应的十六进制表示为_____。

54．有符号的十进制整数 -45 用 8 位二进制数表示为_____，它所对应的十六进制表示为_____。

55．有符号的十进制整数 -254 用 16 位二进制数表示为_____，它所对应的十六进制表示为_____。

56．有符号的十进制整数 +317 用 16 位二进制数表示为_____，它所对应的十六进制表示为_____。

57．把十进制小数转换成十六进制小数时，采用的方法是_____。

58．数字字符"1"的 ASCII 码的十进制表示为 49，那么数字字符"6"的 ASCII 码的十进制表示为_____。

59．一个 48×48 点阵的汉字字形码需要用_____个字节存储它。

60．用点阵表示字符的字模时，可以把多种字符的位图存储到存储器中，如果用 16×16 点阵字库存储 128 个字符时，至少要有_____KB 的存储容量。

1.3.3 简答题

1．简述计算机的发展史。

2．什么是计算机硬件？它由哪几部分组成？各部分有什么功能？

3．什么是计算机软件？主要包括哪些内容？

4．计算机的基本工作原理是什么？冯·诺依曼计算机结构的主要特点是什么？

5．什么是总线？

6．根据存储器在计算机系统中所起的作用，可分为哪几种存储器？各自特点是什么？

7．USB 的接口的主要特点是什么？

8．硬盘的技术指标主要包括哪几点？如何计算硬盘容量？

9．什么是硬盘的分区和格式化？主要采用什么程序对硬盘进行分区和格式化？

10．显示系统由哪几部分组成？

11．为什么说 ROM 中的信息不会被破坏？

12．硬盘和软盘比较，它的优点是什么？

13．计算机的内存与外存有什么区别？

14．简述机器语言、汇编语言、高级语言的各自特点。

15．什么是解释方式和编译方式？

16．分别简述二进制、八进制、十进制和十六进制的基本特点。

17．如何将二进制数转换成十六进制和八进制数？

18．十进制整数、小数转换为二进制数，分别采用什么方法？

19．进行下列数的数值转换。

（1）（467.625）$_D$=（　　　）$_B$=（　　　）$_O$=（　　　）$_H$

（2）（1110111.11）$_B$=（　　　）$_O$=（　　　）$_H$=（　　　）$_D$

（3）（103.5）$_O$=（　　　）$_B$=（　　　）$_H$=（　　　）$_D$

（4）（D9）$_H$=（　　　）$_B$=（　　　）$_D$=（　　　）

20．假定某台计算机的机器数占 8 位，试写出−67 的原码、反码和补码。

21．什么是 ASCII 码？请查 "D"、"d"、"8" 和空格的 ASCII。

22．GB2312-80 中一级汉字为 3 755 个，如果每个汉字字模采用 16×16 点阵，并存放在主存储器中，那么将占用存储器容量多少个字节？假设将汉字显示在屏幕上，一屏 24 行，每行 40 字，为保持一屏信息，需存储容量多少字节？

23．设一优盘有 521MB 可用空间，若使用 ASCII 码存盘，则可存储英文字符多少个？若存放汉字，则可存储汉字多少个？

24．某台计算机内存的存储容量是 256MB，能存放多少字节的数据？

25．什么是一个数的原码、反码和补码表示？

26．汉字的内码与外码的主要区别是什么？

27．为什么在计算机中使用二进制？

1.4　参考答案

1.4.1　选择题

1. D	2. C	3. D	4. B	5. B	6. D	7. D	8. C
9. D	10. C	11. C	12. A	13. D	14. C	15. D	16. C
17. D	18. B	19. D	20. D	21. D	22. D	23. D	24. D
25. D	26. A	27. D	28. D	29. D	30. D	31. A	32. B
33. A	34. D	35. B	36. D	37. D	38. D	39. D	40. C
41. A	42. D	43. C	44. B	45. A	46. C	47. B	48. C
49. D	50. A	51. D	52. C	53. B	54. B	55. D	56. D
57. A	58. D	59. D	60. D	61. D	62. D	63. D	64. A
65. B	66. D	67. D	68. A	69. D	70. A	71. B	72. B
73. C	74. D	75. B	76. D	77. D	78. D	79. D	80. C
81. D	82. C	83. B	84. A	85. D	86. C	87. D	88. B
89. C	90. D	91. D	92. C	93. C	94. A	95. B	96. C
97. D	98. A	99. B	100. A				

1.4.2 填空题

1. −128 ~ +127
2. 执行
3. $(111111110)_2$
4. 小
5. CAD
6. 冯·诺依曼计算机
7. 四
8. 辅助教学、辅助制造
9. 硬件系统、软件系统
10. 运算器、控制器、存储器、输入设备、输出设备
11. CPU（中央处理器）、运算器、控制器
12. 运算器、算术、逻辑
13. 内存
14. 中央处理器、内存储器
15. CPU、RAM、ROM
16. 随机存储器、只读存储器
17. 只读存储器（ROM）
18. 随机存储器（RAM）
19. 内存储器
20. 字长、时钟频率、运算速度
21. MHz（兆赫兹）
22. Byte；字节、20
23. 位
24. 640×1 024
25. 1 024、1 024、1 024
26. $(1\,024 \times 1\,024)/(16 \times 16/8) = 32\,766$
27. 数据、地址
28. 输入/输出
29. 分辨率
30. Shift
31. Insert
32. 输入
33. 程序和数据
34. 输出
35. 输入输出设备
36. 键盘、显示器
37. 程序
38. 应用、系统、系统
39. 低级语言
40. 编译方式、翻译方式
41. 数据
42. 源程序
43. 高级
44. 机器
45. 机器
46. 二进制
47. 8
48. 2
49. 0.01110000、0.437
50. 0. 625、0.0001
51. 1D.A8、29.656 25
52. 1010101.111、55.E
53. 00101101、2D
54. 10101101、AD
55. 1000000011111110、80FE
56. 0000000011011001、D9
57. 乘 16 取整法
58. 54
59. 288
60. 4

1.4.3 简答题

1. 从第一台电子计算机问世以来，计算机硬件的发展经历了几次重大的技术变革，以计算机硬件的变革作为标志，人们将计算机的发展分为四个时代。四个时代的特点是：

第一代计算机，其主要特点是采用电子管作主要元器件；

第二代计算机，其主要特点是由晶体管取代了电子管；

第三代计算机，其主要特点是半导体小规模集成电路取代了分离元件的晶体管；

第四代计算机，其主要特点是以大规模和超大规模集成电路作为计算机的主要功能部件。

新一代计算机目前还处于逐步成熟的发展阶段，其主要特点可以归纳为：在计算机的工作原理上突破传统的冯·诺依曼结构，采用崭新的计算机设计思想。表现为 4 种趋向：巨型化、微型化、网络化和智能化。

2. 计算机的硬件系统一般是指构成计算机系统的物理设备，通常由运算器、控制器、存储器、输入设备和输出设备 5 大部分组成。

（1）运算器：是计算机对数据进行加工处理的核心部件。其主要功能是对二进制编码进行算术运算（加、减、乘、除等）和逻辑运算（与、或、非、异或、比较等）。

（2）控制器：是整个计算机系统的控制指挥中心。它主要负责从存储器中取出指令，并对指令进行译码；根据指令的要求，按时间的先后顺序，负责向其他各部件发出控制信号，保证各部件协调一致地工作，一步一步地完成各种操作。

（3）存储器：是计算机系统中的记忆设备，用来存放程序和数据。存储器的基本功能是按照指令的要求向指定的存储单元存进（写入）或取出（读出）数据信息。

（4）输入设备：是给计算机输入信息的设备。它是重要的人机接口，负责将输入的信息（包括数据和指令）转换成计算机能识别的二进制代码，送入存储器保存。

（5）输出设备：是输出计算机处理结果的设备。它的主要作用是把计算机处理的数据、计算结果等内部信息转换成人们习惯接受的信息形式（如字符、曲线、图像、表格、声音等）或能为其他机器所接受的形式输出。

3. 计算机软件是组成计算机系统的逻辑设备，它包括系统软件和应用软件两部分。

系统软件是指管理、控制和维护计算机及外部设备，提供用户与计算机之间的界面，支持、开发各种应用软件的程序。如操作系统、程序设计语言、语言处理系统和各种服务性程序等。

应用软件是由用户根据自己的工作需要为解决各种实际问题而自行开发或从厂家购买来完成某一特定任务的软件。如办公软件、财务软件等。

4. 到目前为止，几乎所有计算机的工作过程都大致相同，即存储指令、取指令、分析指令、执行指令，再取下一条指令，依次周而复始地执行指令序列的过程。也就是进行存储程序和程序控制的过程。这就是计算机最基本的工作原理，这一原理是由美籍匈牙利数学家冯·诺依曼教授提出来的，故称为冯·诺依曼原理。

冯·诺依曼计算机结构的主要特点是：（1）计算机由运算器、控制器、存储器、输入设备和输出设备 5 个基本部分组成；（2）实现了内部存储和自动执行两大功能；（3）内部的程序和数据以二进制表示。

5. 总线就是系统部件之间传递信息的一组公共信息传输线路，由数据总线、地址总线和控制总线 3 部分组成。三者在物理上做在一起，但工作时各司其职。

6. 存储器是存放程序和数据的设备。存储器又分为内存储器和外存储器。目前大多数计算机的内存以半导体存储器为主，由于价格和技术的原因，内存的存储容量受到限制，而且大部分内存是不能长期保存信息的随机存储器，所以，需要能长期保存大量信息的外存储器。

内存储器主要与计算机的各个部件打交道，进行数据传送。用户通过输入设备输入的程序和数据最初送入内存，控制器执行的指令和运算器处理的数据取自内存，运算的中间结果和最终结果保存在内存中，输出设备输出的信息来自内存。微型计算机的内部存储器按其功能特征可以分为 3 类：（1）随机存取存储器（RAM）：CPU 对它们既可以读出数据又可写入数据，一旦断电，RAM 的信息全部消失；（2）只读存储器（ROM）：CPU 对它们只可以读出数据不可写入数据，

ROM 里面的信息一般由计算机制造厂写入并经固化处理；（3）高速缓冲存储器：是 CPU 和 RAM 之间的桥梁，用于解决它们之间的速度冲突问题。

外存储器主要用来长期存放"暂时不用"的程序和数据，外存只和内存交换数据，而且是成批地进行数据交换。

7. 具有速度快、即插即用等特点。

8. 硬盘的技术指标主要包括：硬盘容量、硬盘转速、高速缓存、平均寻道时间、硬盘接口类型。

计算硬盘总容量的公式为

总容量=磁头数(盘片数×2)×磁道数×扇区数×每扇区字节数（512 Byte）。

9. 对于一块刚买的新硬盘是无法立即投入使用的，必须对硬盘进行逻辑分区和格式化后才可以使用。打个比方，如果一块新买的硬盘是一张白纸的话，分区过程就相当于在这张白纸上先画几个大方格，用户可以自由指定每个方框的用途。而格式化的过程相当于给每个方框打上格子，安装操作系统及应用程序则相当于在相应的格子中写字。

对硬盘分区常使用的软件是 DOS 的 Fdisk 程序。当一个硬盘被划分成若干个分区后，第一个分区称为主分区，其余部分称为扩展分区，扩展分区再次划分后，形成若干个逻辑分区。主分区和每个逻辑硬盘都有各自对应的一个盘符，硬盘的盘符总是从 C：开始，按顺序分配。对硬盘格式化常使用的软件是 DOS 的 Format.exe 程序。当使用 DOS 的 FORMAT 命令对磁盘进行格式化时，除了对磁盘划分磁道、扇区以外，同时还将磁盘划分为 4 个区域，它们是引导扇区（BOOT）、文件分配表（FAT）、文件目录表（FDT）和数据区等。

10. 计算机的显示系统由显示器与显示控制适配器两部分组成。显示器（Display）是微型计算机中重要的输出设备，其作用是将电信号转换成可以直接观察到的字符、图形或图像。用户通过它可以很方便地查看送入计算机的程序、数据、图形等信息及经过计算机处理后的中间结果、最后结果。显示控制适配器又称为显示接口卡（简称显卡，或叫图形加速卡），插在主板的扩展槽上，是主机与显示器之间的接口，基本作用是控制计算机的图形输出，可以说它是 CPU 和显示器之间的"中间人"（少数显卡集成在主板上）。

11. ROM 中的信息不会被破坏，其原因有两条：

（1）ROM 是只读存储器，使用时只能读出，不能重写，所以其中的信息不会被修改。

（2）ROM 中信息能永久保存。

12. 硬盘和软盘比较，它的优点是存储容量大，存取速度快，是系统资源和信息资源的重要存储设备。

13. 内存又称为主存，是通过总线直接与 CPU 相连的存储器。可以由 CPU 直接访问，进行信息交换；存放当前正在运行的程序和数据；存放速度快；不能永久地脱机保存信息；存储容量小；成本高。

外存又称辅助存储器，它并不与 CPU 直接相连，外存中的信息只能在调入内存后，才能被 CPU 所处理。相对于内存来说，外存的存取速度慢，但信息可以永久地脱机保存，存储容量大，成本低。软盘、硬盘和光盘等都属于外存。

14.（1）机器语言是一种用二进制代码"0"和"1"表示的，能被计算机直接识别和执行的语言，是一种面向机器的语言。

（2）汇编语言是一种采用助记符表示的语言，比用机器语言中的二进制代码编程要方便些，容易记忆和检查。但汇编语言符号代码指令仍然是与特定的计算机或某一类系列机的机器指令一一对应的，故仍属于一种面向机器的语言，仍是一种低级语言。计算机不能直接识别和执行用汇编语言编写的程序。

用汇编语言编写的程序，必须由一个称为汇编程序的机器指令程序翻译成机器指令表示的目标程序，然后再执行该目标程序得到计算结果。

（3）高级语言脱离特定的机器，是一种类似于自然语言和数学描述语言的程序设计语言。在用高级语言设计程序时，程序包含的不再是一条条指令序列，而是各种各样的语句，每种语句的功能隐含一串指令。

用高级语言编写的程序，不能直接被计算机识别和执行。必须由某种语言处理程序翻译转换成机器指令表示的目标程序，然后再执行该目标程序得到计算机结果。

15. 解释方式：事先用机器语言编写一个称为解释程序的机器指令程序，并放在计算机中。当用高级语言编写的源程序输入计算机后，逐句进行翻译，且翻译一句计算机执行一句，即边解释边执行。编译方式：事先用机器语言编好一个称为编译程序的程序存放在计算机中，再利用该程序将指定的高级语言编制的源程序翻译成机器指令表示的目标程序，然后再执行该目标程序得到计算机结果。

16. 十进制特点：有 10 个不同的数码符号 0、1、2、3、4、5、6、7、8 及 9，基数为 10，逢十进一。

二进制特点：有 2 个不同的数码符号 0 和 1，基数为 2，逢二进一。

八进制特点：有 8 个不同的数码符号 0、1、2、3、4、5、6 及 7，基数为 8，逢八进一。

十六进制特点：有 16 个不同的数码符号 0、1、2、3、4、5、6、7、8、9、A、B、C、D、E 及 F，基数为 16，逢十六进一。

17. 二进制数转换为八进制数时，以小数点为界，整数部分按照由右至左（由低位向高位）的顺序每三位划分成一组，最高位不足三位的向前（向左）补零；小数部分按照从左至右（由高位向低位）的顺序每三位划分成一组，最低位不足三位的向后（向右）补零。然后分别用三位二进制代码与八进制数码一一对应完成转换。八进制数直接按照对应关系，按书写顺序直接转换成二进制数。

二进制数转换为十六进制数时，也是以小数点为界，整数部分按照由右至左（由低位向高位）的顺序每四位划分成一组，最高位不足四位的向前（向左）补零；小数部分按照从左至右（由高位向低位）的顺序每四位划分成一组，最低位不足四位的向后（向右）补零。然后分别用四位二进制代码与十六进制数码一一对应完成转换。十六进制数直接按照对应关系，按书写顺序直接转换成二进制数。

18. 十进制数转换成二进制数。对于十进制整数，可用除 2 取余法将其转换为二进制数。将十进制数除以 2，得到一个商数和余数。再将商数除以 2，又得到一个新的商数和余数。如此继续进行下去，直到商等于零为止。将所得各次余数，以最后余数为最高位，最先余数为最低位，依次排列，就是所求二进制数的各位数字。对于十进制纯小数，用乘 2 取整法将其转换为二进制数。先用 2 乘十进制纯小数，然后去掉乘积中的整数部分，再用 2 去乘剩下的纯小数部分。如此继续进行下去，直到满足所要求的精度或直到纯小数部分等于零为止。把每次乘积的整数部分由上而下依次排列起来，即得所求的二进制纯小数的小数点后各位数字。

19.（1）（467.625）$_D$＝（111010011.101）$_B$＝（421.5）$_O$＝（1D3.A）$_H$

（2）（1110111.11）$_B$＝（167.6）$_O$＝（77.C）$_H$＝（118.75）$_D$

（3）（103.5）$_O$＝（1000011.101）$_B$＝（43.A）$_H$＝（67.625）$_D$

（4）（D9）$_H$=（11011001）$_B$=（217）$_D$=（331）$_O$

20.〔-67〕$_原$=11000011,〔-67〕$_反$=10111100,〔-67〕$_补$=10111101

21. ASCII 码是美国国家信息交换标准代码的简称。ASCII 码有 7 位码和 8 位码两种版本。国际通用的 7 位 ASCII 码规定用 7 位二进制数编码表示一个字符，共可表示 2^7=128 个常用字符，其中包括 32 个通用控制字符，10 个十进制数码，52 个英文大、小写字母和 34 个专用符号。

字母 D 的 ASCII 码为 1000100B 或 44H，字母 d 的 ASCII 码为 1100100B 或 64H，数字 8 的 ASCII 码为 0111000B 或 38H，空格的 ASCII 码为 0100000B 或 20H。

22. GB2312-80 中一级汉字为 3 755 个，如果每个汉字字模采用 16×16 点阵，并存放在主存储器中，那么将占用存储器容量(16×16÷8)×3 755=120 160 个字节。假设将汉字显示在屏幕上，一屏 24 行，每行 40 字，为保持一屏信息，存储器需存储 (16×16÷8)×24×40=30 720 个字节。

23. 设一优盘有 521MB 可用空间，若使用 ASCII 码存盘，则可存储英文字符 521×1024×1024=546 308 096B 个；若存放汉字，则可存储汉字 521×1 024×1 024÷2=273 154 048B 个。

24. 某台计算机内存的存储容量是 256MB，能存放 256×1 024×1 024= 268 435 456 字节的数据。

25. 原码表示法是把二进制数与它的符号位放在一起考虑，使之成为统一的一组数码。

反码表示法：正数的反码和原码一样；负数的反码符号为 "1"，数值部分的数码与原码中的数码相反，即 "0" 变 "1"，"1" 变成 "0"。

补码表示法：正数的补码与原码相同，负数的补码是将其反码在末位加上 "1"。

26. 汉字的输入码又叫外码，同一个汉字可用不同的输入方法输入计算机，因而同一个汉字的外码是不一样的；汉字在计算机内部的统一编码叫内码，同一个汉字不论用哪种方法输入计算机后，其在计算机内存储的二进制编码（内码）都是一样的。

27. 二进制是计算机中采用的数制，因为二进制具有如下特点：（1）简单可行。二进制仅有两个数码 0 和 1，可以用两种不用的稳定状态（如高电位与低电位）表示。计算机的各组成部分都由仅有的两个稳定状态的电子元件组成，它不仅容易实现，而且稳定可靠。（2）运算规则简单。（3）适合逻辑运算。二进制中的 0 和 1 正好分别表示逻辑代数中的假值（False）、真值（True）。二进制数代表逻辑值容易实现逻辑运算。

但是，二进制的明显缺点是数字冗长、书写量过大，容易出错，不便阅读，所以，在计算机技术文献的书写中，常用八进制或十六进制数表示。

第2章
操作系统

2.1 重点与难点

1. 操作系统的定义
2. 操作系统的功能
3. 操作系统的发展和分类
4. DOS 磁盘操作系统的组成
5. 文件的定义及特征
6. 文件目录和路径
7. Windows 操作系统的发展
8. Windows 操作系统的特点
9. Windows 操作系统的基本操作

2.2 重点与难点习题解析

【例题 2-1】_____是用户与计算机之间的接口。

【解析】

操作系统是系统软件中最重要的部分。它为用户提供一个良好环境，是用户与计算机之间的接口。用户通过操作系统可以最大限度地利用计算机的功能。同时操作系统对计算机的运行提供有效的管理，合理地调配计算机的软、硬件资源，使计算机各部分协调有效地工作。

【正确答案】操作系统

【例题 2-2】分时系统是一种_____操作系统。

【解析】

分时操作系统允许一台计算机上挂多个终端，CPU 按预先分配给多个终端的时间，轮流为多个终端服务，即各终端在各自占有的时间片内占有 CPU，分时共享计算机系统的资源。但因计算机运行在高速状态，故用户感受不到是处于分时状态，如同自己独占这台计算机。

【正确答案】多用户

【例题 2-3】DOS 操作系统是_____的简称。

【解析】

DOS（Disk Operating System）是磁盘操作系统的英文缩写。DOS 是用软盘或者硬盘提供的，曾经是微型计算机上广泛使用的操作系统。DOS 提供了用户与计算机之间的接口，使用户能有效地利用计算机的各种资源。它的主要功能是进行设备管理和文件管理。

【正确答案】磁盘操作系统

【例题 2-4】DOS 系统采用_____结构来组织文件和目录。

【解析】

为了便于管理，DOS 系统采用树形目录结构（又称层次结构）来组织文件和目录。目录与目录之间的隶属关系像一棵倒置的树，树根在上，树叉在下，位于树根的目录称为根目录，位于树权的目录称为子目录，子目录还可包含子目录，包含子目录的目录又称之为父目录。每张磁盘只有一个根目录，子目录的个数及其层次要根据实际的情况来决定。

【正确答案】树形目录

【例题 2-5】_____是 DOS 能独立进行存取的最小单位。

【解析】

计算机系统中的文件有其特定的含义，它是指存储在磁盘上的一组相关信息的集合，可以是一个程序、一篇文章或者是一份报表。计算机内的所有数据或程序都是以文件的形式存放在磁盘上的。DOS 管理的主要对象是文件，用户对数据或程序的访问也是对文件的访问。文件是 DOS 能独立进行存取的最小单位。

【正确答案】文件

【例题 2-6】退出 Windows 7 时，直接关闭微型计算机电源可能产生的后果是_____。

A. 可能破坏临时设置　　　　　　　B. 可能丢失某些程序的数据

C. 可能造成下次启动时故障　　　　D. 上述各点均是

【解析】

Windows 7 操作结束时，在关机之前，要按正确方式退出 Windows 7。因为 Windows7 在称为高速缓冲存储器的内存区里存储了一部分信息，如果没有关闭 Windows7 就关掉计算机电源，这些信息就会丢失，并造成下次启动时故障。为此，关机的正确操作步骤如下。

（1）关闭所有打开的窗口。

（2）单击"开始"按钮，选择"关机"选项。

【正确答案】D

【例题 2-7】在 Windows 中，移动窗口的方法是用鼠标拖动_____。

A. 滚动条　　　　B. 菜单栏　　　　C. 工具栏　　　　D. 标题栏

【解析】

移动窗口位置的方法是：将鼠标指针移动到标题栏上，按住左键拖动鼠标，将它移动到桌面的任何位置。

【正确答案】D

【例题 2-8】在 Windows 7 平台上的一切操作，均可从单击_____按钮开始。

【解析】

"开始"按钮是 Windows 7 体现界面友好、简单易用的一个新特性。Windows 7 平台上的一切操作，均可从单击"开始"按钮开始。"开始"按钮用于启动应用程序，打开文档，查找特定文件，以及获取帮助信息等。此外，它还包括以命令行方式运行应用程序、改变系统设置以及关闭系统等命令。在桌面上单击"开始"按钮，将显示"开始"菜单（系统菜单），它包含了使用 Windows 7 所需要的全部命令。

【正确答案】开始

【例题 2-9】在 Windows 7 环境中，用户可以同时打开多个窗口，此时_____。

A．只能有一个窗口处于激活状态，它的标题栏颜色与众不同

B．只能有一个窗口的程序处于前台运行状态，而其余窗口的程序则处于停止运行状态

C．所有窗口的程序都处于前台运行状态

D．所有窗口的程序都处于后台运行状态

【解析】

在 Windows 7 中，用户可以同时打开多个窗口，但每时每刻只能有一个窗口处于激活状态，被激活的窗口称为当前窗口或活动窗口。当前窗口的标题栏颜色与众不同，其缺省颜色为蓝色，而其他窗口标题栏的缺省颜色为灰色。而且只有当前窗口中的程序处于前台运行状态，其他窗口的程序则在后台运行。如果窗口的排列方式为层叠式的，那么当前窗口一定位于最前面，被全部显示出来。所以只有答案 A 是正确的。

【正确答案】A

【例题 2-10】当一个文件更名后，该文件的内容_____。

A．完全消失　　　　B．部分消失　　　　C．完全不变　　　　D．全部改变

【解析】

当一个文件更名后，该文件的内容完全不变，文件内容不会因为文件名字的改变而发生改变。

【正确答案】C

【例题 2-11】下列操作中，_____不能关闭应用程序。

A．单击"任务栏"上的窗口图标

B．按"Alt+F4"组合键

C．单击应用程序窗口右上角的关闭按钮

D．单击"文件"菜单，选择"退出"命令

【解析】

关闭应用程序即关闭当前窗口，其操作有如下 4 种方法。

方法一：单击应用程序窗口标题栏右侧的"关闭"按钮。

方法二：单击"文件"菜单，选择"退出"命令。

方法三：按"Alt+F4"组合键。

方法四：（1）单击"控制菜单"图标，显示"控制菜单"；

（2）单击"控制菜单"的"关闭"。

由此可知，B、C、D 操作均能关闭应用程序，而 A 操作不能。虽然 Windows 7 操作系统允许用户同时打开多个窗口，但不需要的窗口应及时关闭，以免占用内存影响系统的运行速度。对于暂时不使用的应用程序窗口，最好将其最小化。

【正确答案】A

【例题 2-12】文件的扩展名通常表示_____。

A．文件的大小　　B．文件的类型　　C．文件的版本　　D．文件的修改时间

【解析】

在计算机系统中，文件名是由主文件名和扩展名两部分组成的，主文件名用于标识不同的文件，而扩展名则用来说明文件的类型。

【正确答案】B

【例题2-13】在 Windows 7 的下列操作中，_____不能启动应用程序。

A. 用鼠标左键双击该应用程序名

B. 用"开始"菜单中的"文档"命令

C. 用"开始"菜单中的"运行"命令

D. 用鼠标左键双击桌面上应用程序的快捷图标

【解析】

在 Windows 7 中，可以采用以下不同的方法来启动并运行应用程序。

方法一：对于在桌面上有快捷图标的应用程序，直接双击该快捷图标，可启动应用程序。

方法二：单击"开始"按钮；在"开始"菜单中选择"程序"选项；在"程序"子菜单中，单击欲启动的应用程序。

方法三：如果要启动的应用程序不在"程序"子菜单上，可以利用"资源管理器"查找包含该程序的文件夹；查找到应用程序后，左键双击该应用程序名称。

方法四：如果任务栏上有该应用程序的图标按钮，则直接双击该图标即可。

由此可知，A、D 操作均能启动一个应用程序，而 B、C 操作却不能。

【正确答案】B、C

【例题2-14】进行"粘贴"操作后，剪贴板中的内容_____。

A. 被清除　　　　　B. 被替换　　　　　C. 不变　　　　　D. 是空白

【解析】

进行"粘贴"操作后，剪贴板中的内容被复制到文档的插入点处，每进行一次"粘贴"操作，剪贴板中的内容被复制一次，剪贴板中的内容不变。

【正确答案】C

【例题2-15】在 Windows 7 中，窗口的排列方式有_____、堆叠式和并排式三种。

【解析】

Windows 7 允许用户同时打开多个窗口。在这种情况下，窗口的排列方式有层叠式、堆叠式和并排式三种。所谓层叠式，就是把窗口一个接一个地重叠起来，每个窗口的标题栏都是可见的，而其他部分则被它上面的窗口覆盖。堆叠式窗口就是把窗口一个挨一个排列起来，每一个窗口都是完全可见的，纵向排列；并排式与堆叠式类似，窗口水平方向平铺，每一个窗口都可见。

【正确答案】层叠式

【例题2-16】Windows 7 的"任务栏"中，除"开始"按钮外，它还显示_____。

A. 当前运行的程序名　　　　　B. 系统正在运行的所有程序

C. 已经打开的文件名　　　　　D. 系统中保存的所有程序

【解析】

Windows 7 的"任务栏"通常处于屏幕的底部。在任务栏中，除"开始"按钮外，它还显示当前所打开的每个文件夹和应用程序的最小化按钮。任务栏提供了一种快速方便的方法来启动或切换应用程序及文档。当要启动一个新的应用程序时，可以通过"开始"按钮来完成；在 Windows 7 中，用户的应用程序或文档都是存放在磁盘上的，每当运行一个程序，便打开一个窗口，在桌面的"任务栏"上就会出现该窗口的最小化按钮。因为 Windows 7 可以多任务运行，所以桌面上经常同时有多个窗口处于打开状态，每个窗口都对应一个最小化按钮显示在任务栏中，用户可以方便地在多个任务间切换。如果要激活某个对象，只要用鼠标单击任务栏上相应的按钮，就会使该对象的窗口移到前台，从而实现各窗口间的切换。所以有人把使用任务栏切换各个窗口比喻成像转换电视频道一样容易。当关闭一个应用程序窗口时，其最小化按钮也将从任务栏上消失。

【正确答案】B

【例题 2-17】在 Windows 中，通常在系统安装时就安排在桌面上的图标有_____。
A．资源管理器　　B．回收站　　　　C．控制面板　　　D．收件箱

【解析】

在安装 Windows 系统时，安装程序自动将"回收站"图标安排在桌面上，用户也可以将其他程序的图标放到桌面上。

【正确答案】B

【例题 2-18】在 Windows 7 环境中，当运行一个应用程序时，就打开该程序自己的窗口，把运行程序的窗口最小化，就是_____。
A．暂时中断该程序的运行，但用户可以随时加以恢复
B．中断该程序的运行，并且用户不能加以恢复
C．结束该程序的运行
D．该程序的运行被转入后台继续工作

【解析】

在 Windows 7 环境中，一个应用程序一开始执行，就在桌面上产生一个窗口，作为它与用户进行交互的环境，同时在桌面的底行任务栏中产生一个标有程序工作内容的按钮。关闭一个程序的窗口，就是结束该程序的运行；同时，任务栏中相应的按钮随之消失。一个应用程序的运行有前台和后台两种方式。前台运行是指该程序在运行中可以与用户进行交互操作，而后台运行则不可以，但后台运行并非停止运行。把运行程序的窗口最小化，就是使该程序的运行转入后台继续工作，而此时该程序在任务栏中相应的按钮依然存在，用鼠标单击这个按钮，可将该程序由后台转为前台运行。如果打算结束该程序的运行，就应该将窗口关闭，而程序运行的各种暂时中断均与窗口操作无关。因此本题的正确答案应当是 D。

【正确答案】D

【例题 2-19】在 Windows 中，窗口有无滚动条，取决于_____。
A．打开窗口的数量　　　　B．要显示的信息量的多少
C．用户的设置　　　　　　D．窗口本身的特性

【解析】

受计算机系统显示设备尺寸的限制，窗口的尺寸总是有限的。当需要显示的信息量较多时，窗口的工作区中只能显示出其中的一部分。这种情况下，Windows 系统将自动在窗口的工作区显示出滚动条。如果横向尺寸不够，将自动出现横向滚动条；若纵向尺寸不够，将自动出现纵向滚动条。

【正确答案】B

【例题 2-20】Windows 7 具有对于大部分硬件设备都能实现_____的兼容性。

【解析】

Windows 7 对于大部分硬件设备都能实现"即插即用"。如果用户需要安装网卡、调制解调器或多媒体设备等，只需将设备插入计算机中。Windows 7 会自动检测新加入的设备，并做好参数的设置。

【正确答案】即插即用

【例题 2-21】在 Windows 7 中，_____可用来更改计算机系统的设置。

【解析】

在 Windows 7 中，控制面板可用来更改计算机系统的设置。控制面板是 Windows 7 中内容最为丰富的一个应用程序组。它是一个特殊文件夹，里面包含了多个应用程序，用于控制 Windows 7 的外观和执行效果，为用户提供了一种方便的修改系统设定的方法。利用控制面板，用户几乎可以对系统的所有方面进行控制。

【正确答案】控制面板

【例题 2-22】在 Windows 中，用鼠标_____单击所选对象可以弹出该对象的快捷菜单。

【解析】

在 Windows 的鼠标操作中，左键单击用于选择某个对象或某个选项、按钮等；而右键单击则会弹出该对象的快捷菜单或帮助提示；左键双击用于启动程序或打开窗口。

【正确答案】右键

【例题 2-23】在 Windows 的"资源管理器"窗口中，当选定文件夹并按"Shift+Del"组合键后，所选定的文件夹将_____。

A．不被删除也不放入"回收站"　　　　B．被删除并放入"回收站"

C．不被删除但放入"回收站"　　　　　D．被删除但不放入"回收站"

【解析】

在 Windows 的"资源管理器"窗口中，当选定文件并按"Shift+Del"组合键后，所选定的文件夹将被删除但不放入"回收站"，这个操作是永久删除，不能撤销，因此要慎重使用。

【正确答案】D

【例题 2-24】Windows "资源管理器"左窗口中，文件夹图标中带有 符号的，表示该文件夹_____，可以展开。

【解析】

Windows 的"资源管理器"窗口分左、右两部分，左窗格为文件夹窗口，显示文件夹树，文件夹树的最上方即为根文件夹。文件夹图标中带有 符号的，表示该文件夹里含有未展开的下级子文件夹；带有 符号的表示下级子文件夹已经展开；空白表示不含子文件夹。双击含有 符号或 符号的文件夹图标，可展开或折叠该文件夹。右窗格则是内容窗口，显示当前选中文件夹中的文件。

【正确答案】含有未展开的子文件夹

【例题 2-25】在 Windows 7 中，呈灰色显示的菜单项意味着_____。

A．该菜单项当前不能选用　　　　　B．选中该菜单后将弹出对话框

C．选中该菜单后将弹出下级子菜单　D．该菜单正在使用

【解析】

在 Windows 7 中，呈灰色显示的菜单项意味着该菜单项当前不能选用。

【正确答案】A

【例题 2-26】选定文件或文件夹后，_____操作不能删除所选的文件或文件夹。

A．按 Del 键

B．选"文件"菜单中的"删除"命令

C．用鼠标左键单击该文件夹，打开快捷菜单，选择"剪切"命令

D．单击工具栏上的"删除"按钮

【解析】

在"资源管理器"中，删除所选的文件或文件夹的常用操作方法如下：

方法一：选中待删除的文件或文件夹；按 Del 键（或 Delete 键），显示对话框；单击"是（Y）"按钮，便可完成删除操作。

方法二：选中待删除的文件或文件夹，单击"文件"菜单中的"删除"命令，单击"是（Y）"按钮。

方法三：选中待删除的文件或文件夹，单击工具栏上的"删除"按钮，单击"是（Y）"按钮。

方法四：选中待删除文件或文件夹；用鼠标右键单击被选择的对象，显示快捷菜单；单击"删除"命令；单击"是（Y）"按钮。

供选择的答案 C 操作并不能打开快捷菜单，因此也就不能将选定的文件或文件夹删除。

【正确答案】 C

【例题 2-27】 在 Windows 的"资源管理器"窗口中，可以使用_____菜单或快捷菜单实现文件或文件夹的移动或复制。

【解析】

在"资源管理器"窗口中，既可以使用"编辑"菜单，也可以使用快捷菜单来实现文件或文件夹的移动或复制。其操作方法如下：

方法一：使用"编辑"菜单

（1）在窗口中选中待移动或复制的文件或文件夹；

（2）单击"编辑"菜单中的"剪切"或"复制"命令；

（3）选择目的处；

（4）再单击"编辑"菜单的"粘贴"命令。

方法二：使用快捷菜单

（1）选中待移动或复制的文件或文件夹；

（2）在选中的位置上单击右键，显示快捷菜单；

（3）单击快捷菜单中的"剪切"或"复制"命令；

（4）选择目的处；

（5）在目的处单击右键，显示快捷菜单；

（6）单击"粘贴"命令。

【正确答案】编辑

【例题 2-28】在 Windows 的"资源管理器"窗口中，若希望显示文件的名称、类型、大小等信息，则应该选择"查看"菜单中的_____。

A．列表　　　　　B．详细资源　　　　　C．大图标　　　　　D．小图标

【解析】

在 Windows 的"资源管理器"窗口中，若希望显示文件的名称、类型、大小等信息，则应该选择"查看"菜单中的"详细资源"命令。

【正确答案】B

【例题 2-29】在 Windows 中，"回收站"是_____。

A．软盘上的一块区域　　　　　B．内存中的一块区域

C．硬盘上的一块区域　　　　　D．光盘中的一块区域

【解析】

"回收站"其实是硬盘上的一块区域，可以把它想像成一个"文件夹"。当用户删除硬盘上的文件或文件夹时，Windows 将删除的文件或文件夹放入"回收站"，使其不被真正的删除掉，以备需要时恢复。若"回收站"中的文件太多，会减少硬盘空间，因此，应该将"回收站"内不再需要的内容及时清除。可以清除其中的部分内容，也可以清空整个"回收站"。

【正确答案】 C

【例题 2-30】 在 Windows 中，使用_____里的"磁盘碎片整理程序"可以完成磁盘碎片整理。

A．控制面板　　　B．系统工具　　　C．浏览器　　　D．资源管理器

【解析】

对磁盘进行了多次复制和删除操作后，磁盘上会出现"碎片"。所谓碎片，是指不能再存放信息的零碎的存储空间，有时尽管磁盘上还有较多的空间，但不能存放任何文件。碎片整理的目的是将这些碎片收集起来，形成可以使用的完整的空间。可采用如下方法来完成磁盘碎片整理：鼠标左键单击"开始"按钮，在"开始"菜单中选择"所有程序"子菜单，在"所有程序"子菜单中选择"附件"子菜单，在"附件"子菜单中选择"系统工具"子菜单，在"系统工具"子菜单中选择"磁盘碎片整理程序"命令，在对话框中作出相应选择即可。

【正确答案】 B

【例题 2-31】 删除 Windows 桌面上某个应用程序的图标，意味着_____。

A．该应用程序连同其图标一起被删除

B．只删除了该应用程序，对应的图标被隐藏

C．只删除了图标，对应的应用程序保留

D．该应用程序连同其图标一起被隐藏

【解析】

删除 Windows 桌面上某个应用程序的图标，意味着只删除了图标，对应的应用程序保留，应用程序仍然可以使用。

【正确答案】 C

【例题 2-32】 Windows 中，若要一次选择不连续的几个文件或文件夹，正确的操作是_____。

A．单击"编辑"菜单的"全部选定"

B．单击第一个文件，然后按住 Shift 键单击最后一个文件

C．单击第一个文件，然后按住 Ctrl 键单击要选择的多个文件

D．按住 Shift 键，单击首尾文件

【解析】

Windows 中选择文件或文件夹时，可分以下几种情况。

（1）选择单个文件或文件夹：用鼠标在所选文件或文件夹上单击，或用方向键使之呈高亮度显示状态。

（2）选择连续的多个文件或文件夹：单击第一个文件或文件夹；按住 Shift 键，然后将鼠标指针移到最后一个文件或文件夹上，单击鼠标左键。

（3）选择不连续（分散）的多个文件或文件夹：单击第一个文件或文件夹；按住 Ctrl 键，用鼠标单击要选择的各个文件或文件夹。

（4）选择全部文件或文件夹：单击"编辑"菜单，选择"全部选定"命令。或者按住 Shift 键，单击首尾文件或文件夹。

【正确答案】C

【例题 2-33】在 Windows 的写字板窗口中已进行了多次"剪切"操作后，剪贴板中的内容为_____剪切的内容。

【解析】

在 Windows 中，只要执行"剪切"操作，系统便会将剪切的信息块暂时存放到剪贴板中。剪贴板只能存放一次剪切的内容，下次存放的剪切内容将替换上次存放的剪切内容。当执行多次剪切操作后，剪贴板中的内容为最后一次剪切的内容。剪贴板是内存中的一块区域，其容量根据需要由系统自动调整，一旦退出 Windows 7 系统，其中的内容即刻消失。

【正确答案】最后一次

2.3　习　　题

2.3.1　选择题

1. 操作系统的功能是（　　）。
A. 处理器管理、存储器管理、设备管理、文件管理
B. 运算器管理、控制器管理、打印机管理、磁盘管理
C. 硬盘管理、软盘管理、存储器管理、文件管理
D. 程序管理、文件管理、编译管理、设备管理

2. 下列关于操作系统的叙述中，正确的是（　　）。
A. 操作系统是软件和硬件之间的接口
B. 操作系统是源程序和目标程序之间的接口
C. 操作系统是用户和计算机之间的接口
D. 操作系统是外设和主机之间的接口

3. 下面是 4 条关于 DOS 操作系统的叙述，其中正确的一条是（　　）。
A. DOS 系统是单用户、单任务操作系统
B. DOS 系统是分时操作系统
C. DOS 系统只管理磁盘文件
D. DOS 系统是多用户、多任务操作系统

4. 微型计算机启动的过程是将 DOS 操作系统（　　）。
A. 从磁盘调入中央处理器　　　　　　B. 从内存储器调入高速缓冲存储器
C. 从软盘调入硬盘　　　　　　　　　D. 从外存储器调入内存储器

5. 同时按下"Ctrl+Alt+Del"组合键的作用是（　　）。
A. 停止微型计算机工作　　　　　　　B. 进行开机准备
C. 热启动微型计算机　　　　　　　　D. 冷启动微型计算机

6. DOS 系统启动成功后，下列 4 个文件中，常驻内存的文件是（　　）。
A. FORMAT.COM　　　　　　　　　　B. COMMAND.COM
C. AUTOEXEC.BAT　　　　　　　　　D. CONFIG.SYS

7. 负责识别执行 DOS 内部命令的系统文件是（　　）。

A. COMMAND.COM   B. CONFIG.SYS

C. AUTOEXE.BAT   D. BIOS.COM

8. 开机前，DOS 操作系统放在（　　　）。

A. 主机内　　　　　　B. 外存储器中　　　　　C. RAM 中　　　　　D. ROM 中

9. DOS 系统中，文件是按（　　　）。

A. 文件名存取的   B. 文件内容存取的

C. 文件路径存取的   D. 文件性质存取的

10. DOS 系统的文件名不允许使用（　　　）。

A. 汉字　　　　　　B. 空格　　　　　　C. 下划线　　　　　D. 圆括号

11. 下面是 4 种文件扩展名，其中有一个不是 DOS 系统下可执行文件的扩展名，它是（　　　）。

A. .EXE　　　　　B. .COM　　　　　C. .DOC　　　　　D. .BAT

12. 下列说法中，正确的是（　　　）。

A. DOS 系统所操作的文件必须在当前盘上

B. 当前盘就是指 C 盘，而当前目录就是指根目录

C. 在硬盘上能建立子目录，而在软盘上则不能建立子目录

D. DOS 系统允许在不同磁盘上有相同的目录结构

13. 路径是用来描述（　　　）。

A. 程序的执行过程   B. 用户操作步骤

C. 文件在磁盘的目录位置   D. 文件存在哪个磁盘上

14. DOS 命令 PATH 的功能是（　　　）。

A. 设置查找路径   B. 取消已设置的查找路径

C. 显示查找路径   D. 执行查找路径

15. 在 DOS 系统中自动执行的批处理文件的文件名是（　　　）。

A. AUTOEXEC.BAT   B. AUTOEXEC.TXT

C. BIOS.COM   D. BATCH.BAT

16. Windows 把所有的系统环境设置功能都统一到（　　　）。

A. 我的电脑　　　　B. 打印机　　　　C. 控制面板　　　　D. 资源管理器

17. 下列叙述中错误的是（　　　）。

A. 附件下的"记事本"是纯文本编辑器

B. 附件下的"写字板"也是纯文本编辑器

C. 附件下的"写字板"提供了在文档中插入声频和视频信息等对象的功能

D. 使用附件下的"画图"工具绘制的图片可以设置为桌面背景

18. 在 Windows 7 的各个版本中，支持的功能最少的是（　　　）。

A. 家庭普通版　　　B. 家庭高级版　　　C. 专业版　　　　D. 旗舰版

19. Windows 的桌面指的是（　　　）。

A. 整个屏幕　　　　B. 当前窗口　　　　C. 全部窗口　　　　D. 某个窗口

20. 在 Windows 7 窗口中，用鼠标拖动（　　　），可以移动整个窗口。

A. 菜单栏　　　　　B. 标题栏　　　　　C. 工作区　　　　　D. 状态栏

21. 对于 Windows 7 系统，下列叙述中正确的是（　　　）。

A. 多窗口层叠时，被覆盖的窗口便看不见

B．对话框的外形和窗口差不多，允许用户改变其大小

C．Windows 7 的操作只能用鼠标

D．桌面上可同时容纳多个窗口

22．在 Windows 7 中，下列叙述正确的是（　　　）。

A．桌面上的图标不能按用户的意愿重新排列

B．只有对活动窗口才能进行移动和改变大小等操作

C．回收站与剪贴板一样，是内存中的一块区域

D．一旦屏幕保护开始，原来在屏幕上的当前窗口就被关闭了

23．下列关于 Windows 7 对话框的描述中，不正确的是（　　　）。

A．对话框的大小是可以调整的

B．对话框的位置是可以改变的

C．对话框是由系统提供给用户输入信息或选择某项内容的矩形框

D．对话框可以由用户选中菜单中带有省略号（…）的选项弹出来

24．关于 Windows 7 系统，下列叙述中错误的是（　　　）。

A．Windows 7 为每一个任务自动建立一个显示窗口，其位置和大小不能改变

B．可同时运行多个程序

C．Windows 7 打开的多个窗口，既可平铺，也可层叠

D．Windows 7 "任务栏"的位置是可以调整的

25．为了终止一个应用程序的运行，下列操作中正确的是（　　　）。

A．用鼠标单击控制菜单栏后选择最小化命令

B．用鼠标单击控制菜单栏后选择关闭命令

C．用鼠标双击最小化按钮

D．用鼠标双击窗口边框

26．Windows 中，不能在任务栏内进行的操作是（　　　）。

A．启动 "开始" 菜单　　　　　　　B．排列和切换窗口

C．排列桌面图标　　　　　　　　　D．设置系统时间和日期

27．在 Windows 7 中，可用（　　　）菜单打开控制面板窗口。

A．命令　　　　　B．编辑　　　　　C．开始　　　　　D．快捷

28．在 Windows 7 中，允许用户将对话框（　　　）。

A．最小化　　　　B．最大化　　　　C．移动其位置　　D．改变其大小

29．对于 Windows7 操作系统，下列叙述错误的是（　　　）。

A．可以同时运行多个程序　　　　　B．可以支持鼠标和键盘操作

C．可以支持多窗口操作　　　　　　D．可以运行所有的应用程序

30．在 Windows 7 操作系统中，将打开窗口拖动到屏幕顶端，窗口会（　　　）。

A．关闭　　　　　B．消失　　　　　C．最大化　　　　D．最小化

31．安装 Windows 7 操作系统时，系统磁盘分区必须为（　　　）格式才能安装。

A．FAT　　　　　B．FAT16　　　　C．FAT32　　　　D．NTFS

32．在 Windows 7 下启动汉字输入后，（　　　）按钮表示全角、半角字符切换按钮。

A．正方形　　　　B．月亮形　　　　C．三角形　　　　D．椭圆形

33．在 Windows 7 中，如果一个窗口被最小化，此时前台运行其他程序，则（　　　）。

A. 被最小化的窗口及与之相对应的程序撤除内存

B. 被最小化的窗口及与之相对应的程序继续占用内存

C. 被最小化的窗口及与之相对应的程序被终止执行

D. 内存不够时会被自动关闭

34. 在"任务栏"中的任何一个按钮都代表着（　　）。

A. 一个缩小的程序窗口　　　　　B. 一个可执行程序

C. 一个不工作的程序窗口　　　　D. 一个正执行的程序

35. 在 Windows 7 中，"任务栏"的作用是（　　）。

A. 显示系统的所有功能　　　　　B. 只显示当前活动窗口名

C. 只显示正在后台工作的窗口名　　D. 运行程序以及实现多个程序之间的切换

36. 在 Windows 7 环境中，桌面上可以同时打开若干个窗口，但是其中只能有一个是当前活动窗口。指定当前活动窗口的正确方法是（　　）。

A. 用鼠标在该窗口内任意位置上单击

B. 用鼠标在该窗口内任意位置上双击

C. 将其他窗口都关闭，只留下一个窗口，即成为当前活动窗口

D. 将其他窗口都最小化，只留下一个窗口，即成为当前活动窗口

37. 设 Windows 7 桌面上已经有某应用程序的图标，要运行该程序，可以（　　）。

A. 用鼠标左键单击该图标　　　　B. 用鼠标右键单击该图标

C. 用鼠标左键双击该图标　　　　D. 用鼠标右键双击该图标

38. 在 Windows 7 中，能够弹出对话框的操作是（　　）。

A. 选择了带省略号的菜单项　　　B. 选择了带右三角形箭头的菜单项

C. 选择了颜色变灰的菜单项　　　D. 运行了应用程序

39. 在 Windows 7 环境中，当运行一个应用程序时就打开一个自己的窗口，关闭运行程序的窗口，就是（　　）。

A. 暂时中断该程序的运行，用户随时可加以恢复

B. 该程序的运行不受任何影响，仍然继续

C. 结束该程序的运行

D. 使该程序的运行转入后台继续工作

40. Windows 7 的"开始"菜单包括了 Windows 7 系统的（　　）。

A. 全部功能　　　B. 部分功能　　　C. 主要功能　　　D. 初始化功能

41. 在使用 Windows 7 的过程中，若出现鼠标故障。在不能使用鼠标的情况下，可以打开"开始"菜单的操作是（　　）。

A. 按"Shift+Tab"组合键　　　　B. 按"Ctrl+Shift"组合键

C. 按"Ctrl+Esc"组合键　　　　D. 按空格键

42. 在 Windows 7 中，若用键盘打开系统菜单，需要同时按下（　　）。

A. "Ctrl+Shift"组合键　　　　　B. "Ctrl+Esc"组合键

C. "Ctrl+空格"组合键　　　　　D. "Shift+Tab"组合键

43. 在 Windows 7 的"回收站"窗口中，若选定了文件或文件夹，并执行了"文件"菜单中的"还原"命令，则（　　）。

A. 选定的文件或文件夹被恢复到原来的位置，但仍保留在"回收站"中

B. 选定的文件或文件夹将从硬盘上被删除

C. 选定的文件或文件夹不能恢复到指定的位置

D. 选定的文件或文件夹被恢复到原来的位置，并从"回收站"中清除

44. 在 Windows 7 中选取某一菜单后，若菜单命令后面带有省略号（…），则表示（　　　）。

 A. 将弹出对话框　　　　　　　　　　B. 已被删除

 C. 当前不能使用　　　　　　　　　　D. 该菜单项正在起作用

45. 在 Windows 7 的各种对话框中，有些项目在文字说明的左边标有一个小方框，当小方框里有"√"符号时，表明（　　　）。

 A. 这是一个单选按钮，且已被选中　　B. 这是一个单选按钮，且未被选中

 C. 这是一个多选按钮，且已被选中　　D. 这是一个多选按钮，且未被选中

46. 在 Windows 中，下列不能用"资源管理器"对选定的文件或文件夹进行更名操作的是（　　　）。

 A. 单击"文件"菜单中的"重命名"菜单命令

 B. 右键单击要更名的文件或文件夹，选择快捷菜单中的"重命名"菜单命令

 C. 快速双击要更名的文件或文件夹

 D. 间隔双击要更名的文件或文件夹，并键入新名字

47. 下面关于 Windows 7 快捷菜单的描述中，不正确的是（　　　）。

 A. 快捷菜单可以显示出与某一对象相关的命令菜单

 B. 按 Esc 键或单击桌面或窗口上任一空白区域，都能退出快捷菜单

 C. 选定需要操作的对象，单击鼠标左键，屏幕上就会弹出相应的快捷菜单

 D. 选定需要操作的对象，单击鼠标右键，屏幕上就会弹出相应的快捷菜单

48. 如果在 Windows 的资源管理器底部没有状态栏，那么要增加状态栏的操作是（　　　）。

 A. 单击"编辑"菜单中的"状态栏"命令

 B. 单击"查看"菜单中的"状态栏"命令

 C. 单击"工具"菜单中的"状态栏"命令

 D. 单击"文件"菜单中的"状态栏"命令

49. 在 Windows 7 中，"回收站"是（　　　）文件存放的容器。

 A. 已删除　　　　B. 关闭　　　　　C. 打开　　　　　D. 活动

50. Windows 7 中的"剪贴板"是（　　　）。

 A. 硬盘中的一块区域　　　　　　　　B. 软盘中的一块区域

 C. 高速缓存中的一块区域　　　　　　D. 内存中的一块区域

51. 在 Windows 7 中，若将剪贴板上的信息粘贴到某个文档窗口的插入点处，正确的操作是（　　　）。

 A. 按"Ctrl+X"组合键　　　　　　　B. 按"Ctrl+V"组合键

 C. 按"Ctrl+C"组合键　　　　　　　D. 按"Ctrl+Z"组合键

52. 在 Windows 7 的"资源管理器"窗口中，若文件夹图标前面含有 ◢ 符号，表示（　　　）。

 A. 含有未展开的子文件夹　　　　　　B. 无子文件夹

 C. 子文件夹已展开　　　　　　　　　D. 可选

53. 为获得 Windows 帮助，必须通过下列途径（　　　）。

 A. 在"开始"菜单中运行"帮助和支持"命令

 B. 选择桌面并按 F1 键

C. 在使用应用程序过程中按 F1 键

D. A 和 B 都对

54. 在用户删除（　　　）中的文件或文件夹时，Windows 7 将删除的文件或文件夹放入"回收站"，使其不被真正删除掉，以备需用时恢复。

　　A. 硬盘　　　　　　　B. 软盘　　　　　　　C. 光盘　　　　　　　D. 内存

55. 下列叙述中，不正确的是（　　　）。

　　A. 不同文件之间可通过剪贴板交换信息

　　B. 屏幕上打开的窗口都是活动窗口

　　C. 应用程序窗口最小化成图标后仍在运行

　　D. 在不同磁盘间可以用鼠标拖动文件名的方法实现文件的复制

56. 下列程序不属于附件的是（　　　）。

　　A. 计算器　　　　　　B. 记事本　　　　　　C. 网上邻居　　　　　D. 画笔

57. 在 Windows 7 中要选择没被选中的文件和文件夹，可选择（　　　）菜单中的"反向选择"命令。

　　A. 文件　　　　　　　B. 编辑　　　　　　　C. 查看　　　　　　　D. 工具

58. 在"资源管理器"窗口中选定文件或文件夹后，若想将它们立即删除，而不是放到"回收站"中，正确的操作是（　　　）。

　　A. 按 Delete（Del）键

　　B. 按"Shift＋Delete"组合键

　　C. 选择"文件"菜单中的"删除"命令

　　D. 用鼠标直接将文件或文件夹拖放到"回收站"中

59. 在 Windows 7 中，下列说法中错误的是（　　　）。

　　A. 只要将文档中选定的信息块移入剪贴板，即可将其删除

　　B. 不能将 Windows 7 的整个桌面内容复制到当前的写字板文档中

　　C. 使用剪贴板可将某一窗口的内容复制到当前的写字板文档中

　　D. 保存对现有文档的修改，可使用"文件"菜单中的"保存"命令

60. 用鼠标拖放功能实现文件或文件夹的快速复制时，正确的操作是（　　　）。

　　A. 用鼠标左键拖动文件或文件夹到目的文件夹上

　　B. 按住 Ctrl 键，然后用鼠标左键拖动文件或文件夹到目的文件夹上

　　C. 按住 Shift 键，然后用鼠标左键拖动文件或文件夹到目的文件夹上

　　D. 按住 Shift 键，然后用鼠标右键拖动文件或文件夹到目的文件夹上

61. 在选定文件或文件夹后，下列（　　　）操作不能完成文件或文件夹的复制。

　　A. 单击工具栏上的"复制"按钮

　　B. 在编辑菜单中选择"剪切"命令

　　C. 按"Ctrl＋C"组合键

　　D. 在选中的文件或文件夹上单击鼠标右键，选择快捷菜单中的"复制"命令

62. 关于"开始"菜单，说法正确的是（　　　）。

　　A. "开始"菜单的内容是固定不变的

　　B. 可以在"开始"菜单的"程序"中添加应用程序，但不可以在"程序"菜单中添加

　　C. "开始"菜单和"程序"里面都可以添加应用程序

　　D. 以上说法都不正确

63. 在 Windows 7 中，若想用键盘关闭所打开的应用程序，可以按下（　　）组合键。

　　A．"Ctrl+F4"　　　　　B．"Ctrl+Shift"　　　　　C．"Alt+F4"　　　　　D．"Alt+Esc"

64. 在 Windows 7 的编辑状态下，启动汉字输入方法后，下列（　　）操作能进行全角/半角的切换。

　　A．"Ctrl+F9"组合键　　　　　　　B．"Shift+空格"组合键

　　C．"Ctrl+空格"组合键　　　　　　D．"Ctrl+圆点"组合键

65. 下列操作中，能在各种中文输入法间切换的是（　　）。

　　A．"Ctrl+Shift"组合键　　　　　　B．"Ctrl+空格"组合键

　　C．"Alt+Shift"组合键　　　　　　D．"Shift+空格"组合键

66. 在选定文件或文件夹后，下列的（　　）操作不能修改文件或文件夹名称。

　　A．用鼠标右键单击文件名，然后选择"重命名"命令，键入新文件名后按回车键

　　B．用鼠标左键单击文件名，然后选择"重命名"命令，键入新文件名后按回车键

　　C．按 F2 键，然后键入新文件名再按回车键

　　D．在"文件"菜单中选择"重命名"命令，然后键入新文件名再按回车键

67. 在 Windows 7 的 "资源管理器"窗口中，若要选择多个相邻的文件或文件夹以便对其进行某些处理操作（如移动、复制），正确的选择方法是（　　）。

　　A．用鼠标左键逐个选取

　　B．用鼠标右键逐个选取

　　C．单击第一个文件或文件夹图标，按住 Shift 键，再单击最后一个文件或文件夹图标

　　D．单击第一个文件或文件夹图标，按住 Ctrl 键，再单击最后一个文件或文件夹图标

68. 在 Windows 7 的"资源管理器"窗口中，用鼠标单击目录树窗口中的一个文件夹，则（　　）。

　　A．删除文件夹　　　　　　　　　B．选定当前文件夹，显示其内容

　　C．创建文件夹　　　　　　　　　D．弹出对话框

69. DOS 规定一组相关信息的集合为一个文件。文件命名的正确说法是（　　）。

　　A．文件名可以使用任何字符命名

　　B．文件名不能使用汉字

　　C．文件名必须有主文件名和扩展名，两者缺一不可

　　D．文件名必须有主文件名，而扩展文件名则可有可无

70. 在 DOS 系统中，由 ASCII 码组成的扩展名为.TXT 的文件通常称为（　　）。

　　A．文本文件　　　　　B．可执行文件　　　　　C．命令文件　　　　　D．系统文件

71. 对话框外形和窗口差不多，（　　）。

　　A．也有菜单栏　　　　　　　　　B．也有标题栏

　　C．也允许用户改变其大小　　　　D．也有最大化、最小化按钮

72. 在 Windows 环境中，鼠标是重要的输入工具，而键盘（　　）。

　　A．根本不起作用

　　B．也能完成几乎所有操作

　　C．只能在菜单操作中使用，不能在窗口操作中使用

　　D．只能配合鼠标，在输入中起辅助作用（如输入字符）

73. 下列操作中，（　　）不能创建应用程序的快捷方式。

　　A．在目标位置单击鼠标左键　　　　B．在目标位置单击鼠标右键

C．在对象上单击鼠标右键　　　　　　D．右拖曳对象

74．在 Windows 7 中，使用鼠标（　　　）功能，可以实现文件或文件夹的快速移动或复制。

A．移动　　　　　　B．单击　　　　　　C．双击　　　　　　D．拖放

75．下列操作中，（　　　）不能使已打开的窗口成为当前窗口。

A．单击任务栏上的窗口图标　　　　B．按"Alt+Esc"组合键

C．按"Alt+F4"组合键　　　　　　D．按"Alt+Tab"组合键

76．在 Windows 7 中，能更改文件名的操作是（　　　）。

A．用鼠标左键单击文件名，然后键入新文件名后按回车键

B．用鼠标左键单击文件图标，然后键入新文件名后按回车键

C．用鼠标左键双击文件名，然后选择"重命名"，键入新文件名后按回车键

D．用鼠标右键双击文件名，然后选择"重命名"，键入新文件名后按回车键

77．在 Windows 7 中，若将鼠标在屏幕上产生的标记符号移到一个窗口的边缘处，便会变为一个双向的箭头，表明（　　　）。

A．可以改变窗口的大小形状

B．可以移动窗口的位置

C．既可以改变窗口的大小，又可以移动窗口的位置

D．既不可以改变窗口的大小，也不可以移动窗口的位置

78．在 Windows 7 环境中，每个窗口的"标题栏"的右边都有一个标有空心方框的方形按钮，用鼠标左键单击，可以（　　　）。

A．把该窗口最小化　　　　　　　　B．关闭该窗口

C．把该窗口最大化　　　　　　　　D．将该窗口还原

79．用"画笔"程序制作的图形文件的默认类型是（　　　）。

A．TXT　　　　　　B．DBF　　　　　　C．GIF　　　　　　D．BMP

80．在 Windows 7 中使用系统菜单时，只要移动鼠标到某个菜单上单击，就可以选中该菜单。如果某菜单尾部出现（　　　）标记，则说明该菜单还有下级子菜单。

A．省略号　　　　　　B．向右箭头（▶）　　　　　　C．组合键　　　　　　D．括号

2.3.2　填空题

1．DOS 操作系统是用户与计算机之间的接口，用户编写的应用程序，都必须由 DOS 装到_____中才能执行。

2．文件管理是操作系统对计算机系统中_____资源的管理。

3．计算机内的所有数据或程序都是以_____的形式存放在磁盘上的。

4．DOS 是按_____对文件进行识别和管理的。

5．按照 DOS 系统对文件扩展名的约定，批处理文件的扩展名是_____。

6．DOS 系统下的所有磁盘文件，根据其特点和性质可分为系统、隐含、_____和归档 4 种不同的属性。

7．一般说来，当屏幕上出现系统提示符时，就可以输入 DOS 命令，逐个输入命令的各个字符，最后以_____结束，系统开始执行该命令。

8．DOS 系统刚启动时，通常把根目录默认为_____目录。

9．DOS 系统中各路径和文件名之间的分隔符是_____。

10．在使用 PATH 命令时，各个路径参数之间的分隔符是_____。

11．操作系统是一种_____软件，它是_____和_____的接口。

12．Windows 7 是基于_____界面的操作系统。

13．要安装或删除一个应用程序，必须打开_____窗口，然后使用其中的"添加/删除程序"功能。

14．要改变 Windows 7 窗口的排列方式，只要用鼠标右键单击_____的空白处，在快捷菜单中作出相应的选择即可。

15．在安装 Windows 7 的最低配置中，内存的基本要求是_____GB 及以上。

16．只要用鼠标单击_____上的某个窗口图标，对应的窗口就被激活，变成当前窗口。

17．在 Windows 7 环境中，每个窗口的"标题栏"的右边都有一个标有短横线的方块按钮，用鼠标单击它，可以把该窗口_____。

18．在 Windows 7 环境中，若单击某个窗口标题栏右边的"最大化"按钮，则该窗口会放大到整个屏幕，而后此按钮就会变为_____按钮。

19．在 Windows 7 中，当用户打开多个窗口时，只有当前窗口中的程序处于_____运行状态，其他窗口的程序则在_____运行。

20．在 Windows 7 中，按_____键可关闭应用程序。

21．若要对已创建的文档进行处理，需要先_____该文档。

22．在 Windows 7 中，当启动程序或打开文档时，若不知道该程序或文档位于何处，则可以使用系统提供的_____功能。

23．剪贴板是 Windows 7 中一个非常实用的工具，它的主要功能是在 Windows 7 程序和文件之间静态_____。

24．要将当前窗口的内容存入剪贴板，应按_____键。

25．在 Windows 7 中，当用户不小心对文件或文件夹的操作发生错误时，可以利用"编辑"菜单中的"撤销"命令或按_____键，取消原来的操作。

26．在"资源管理器"窗口中，将文件以列表方式显示，可按名称、类型、_____和日期 4 种规则排序。

27．在 Windows 7 中，利用"控制面板"窗口中的_____向导工具，可以安装任何类型的新硬件。

28．在 Windows 7 下，如果要改变计算机系统的日期或时间，可以通过_____中的_____完成。

29．Windows 7 有 4 个默认库，分别是视频、图片、_____和音乐。

30．设置计算机时钟的方法是用鼠标_____任务栏上的_____图标。

31．用户可以使用_____查看和管理计算机上的所有文件和文件夹。

32．Windows 7 中系统以_____的形式组织和管理文件。

33．操作系统的发展经历了_____、_____和_____3 个发展阶段。

34．操作系统的功能包括_____、_____、_____、_____和_____5 种功能。

35．操作系统按照其功能可分为_____和_____。

36．DOS 采用_____来实现对磁盘上所有文件的组织和管理。

37．DOS 命令分为内部命令和_____两大类。

38．为了更有效地管理好磁盘上的文件，DOS 对磁盘文件提供了文件属性标志，每一个文件都规定了某几种属性，文件属性共有以下几种：档案、只读、隐含、系统以及这 4 种属性的组合。一般情况下，用户存入的磁盘文件均属于_____。

39．在 Windows 7 的某个对话框中，按_____键与单击"确定"按钮的作用等效。

40．在 Windows 7 的"资源管理器"窗口中，若要选择全部文件或文件夹，可单击"编辑"菜单中的_____选项。

41．Windows 7"任务栏"的位置是_____的。

42．在 Windows 7 中，可以利用控制面板或桌面_____最右边的时间指示器来修改系统的日期和时间。

43．在 Windows 7 的"资源管理器"窗口中，若想改变文件或文件夹列表显示的排列顺序，应选择窗口中的_____菜单。

44．在资源管理器窗口中，当一个文件或文件夹被删除之后，如果用户还没有进行其他的操作，则可以在"编辑"菜单中选择_____命令，将其予以恢复。

45．在 Windows 7"资源管理器"中，用鼠标左键_____某一图标，便可启动程序或打开文档。

46．在 Windows 7 的某个对话框中，按_____键与单击"取消"按钮的作用等效。

47．要将整个桌面窗口的内容存入剪贴板，应按_____键。

48．要安装 Windows 7，系统磁盘分区必须为_____格式。

49．在安装 Windows 7 的最低配置中，硬盘的基本要求是_____GB 以上可用空间。

50．在 Windows 7 系统中，显示桌面的快捷键是_____。

2.3.3 简答题

1．什么是操作系统，它包括哪些功能？

2．简述操作系统的分类情况。

3．什么是 DOS 启动盘？

4．什么是文件？

5．在 DOS 环境下文件名部分最多有几个字符？

6．简述 DOS 的目录结构。

7．简述 Windows 操作系统的特点。

8．简述 Windows 的启动过程。

9．什么是 Windows 的桌面？

10．什么是 Windows 的窗口？

11．简述 Windows 的鼠标操作。

12．什么是 Windows 的菜单？

13．怎样使用计算机系统提供的资源？

14．什么是 Windows 的文件夹、文件定位符？请举例说明。

15．简述 Windows 操作系统平台上程序的执行方法。

16．什么是 Linux 操作系统？

17．简述 Linux 操作系统的特点。

18．简述 Linux 操作系统的基本结构。

19．简述文件名的组成。

20. PATH 命令的功能是什么？它仅对什么样的文件起作用？
21. AUTOEXEC.BAT 文件有什么特点？它在什么情况下才执行？它应该放在什么目录下？
22. 控制面板的作用是什么？

2.4 参考答案

2.4.1 选择题

1. A	2. C	3. A	4. D	5. C	6. B	7. A	8. B
9. A	10. B	11. C	12. D	13. C	14. B	15. A	16. C
17. B	18. A	19. A	20. B	21. D	22. B	23. A	24. A
25. B	26. C	27. C	28. C	29. D	30. C	31. D	32. B
33. B	34. D	35. D	36. A	37. C	38. A	39. C	40. A
41. C	42. B	43. D	44. A	45. C	46. C	47. C	48. B
49. A	50. D	51. B	52. C	53. C	54. A	55. B	56. C
57. B	58. B	59. B	60. B	61. C	62. C	63. C	64. B
65. A	66. B	67. C	68. D	69. C	70. C	71. B	72. B
73. A	74. C	75. C	76. D	77. C	78. C	79. D	80. B

2.4.2 填空题

1. 内存（或内存储器、主存、主存储器）
2. 软件
3. 文件
4. 文件名
5. .BAT（或 BAT）
6. 只读
7. 回车键
8. 当前
9. \
10. ;（分号）
11. 系统、用户、计算机物理设备之间
12. 图形
13. 控制面板
14. 任务栏
15. 1
16. 任务栏
17. 最小化
18. 还原
19. 前台、后台
20. "Alt+F4"组合
21. 打开
22. 查找
23. 传递信息
24. "Alt+PrintScreen"组合
25. "Ctrl+Z"组合
26. 大小
27. 添加新硬件
28. 控制面板、日期/时间
29. 文档
30. 双击、时间
31. 资源管理器
32. 文件夹
33. 人工操作、管理程序操作、操作系统操作
34. 处理器管理、存储管理、设备管理、文件管理、进程管理
35. 实时操作系统、作业处理系统
36. 树状结构目录

37．外部命令　　　　　　　　　　　38．档案文件属性

39．回车　　　　　　　　　　　　　40．全选

41．可以调整　　　　　　　　　　　42．任务栏

43．查看　　　　　　　　　　　　　44．撤销

45．双击　　　　　　　　　　　　　46．ESC

47．PrintScreen　　　　　　　　　　48．NTFS

49．16　　　　　　　　　　　　　　50．"Win+D"组合键

2.4.3　简答题

1．操作系统（Operating System，OS）是指对计算机系统的硬件（CPU、存储器、输入/输出设备）和软件（各种系统软件、应用软件）资源进行统一指挥、统一管理和统一分配的软件系统，是计算机正常运行的指挥中枢。

操作系统的功能包括处理器管理、存储管理、设备管理、文件管理和进程管理5种功能。

2．操作系统的分类方法很多，主要有以下几种。

按照其功能可将操作系统分为实时操作系统和作业处理系统；

按照同时管理作业数量的多少，可分为单道和多道作业批处理操作系统；

根据对任务响应方式的不同，又可将操作系统分为实时操作系统和分时操作系统。

3．DOS 启动盘基本系统由引导程序、基本输入/输出程序（IO.SYS）、磁盘操作管理模块（MSDOS.SYS）和命令处理程序（COMMAND.COM）4个部分组成。

4．相关信息的集合称之为磁盘文件，简称文件。

5．在 DOS 中规定文件名由 1~8 个 ASCII 码字符组成。若超过 8 个字符，超过部分系统无法辨认。

6．DOS 采用树形目录结构形式。即目录与目录之间的隶属关系像一棵倒置的树，树根在上，树杈在下。位于树根的目录称为根目录，位于树杈的目录称为子目录，子目录还可包含子目录，包含子目录的目录又称之为父目录。每张磁盘只有一个根目录，子目录的个数及其层次要根据实际的情况来决定。

7．Windows 操作系统的特点有：

（1）多任务并行执行能力；

（2）全新的图形用户界面；

（3）操作方式灵活多样；

（4）外部设备即插即用；

（5）应用程序携带功能强大；

（6）文件命名直观；

（7）系统配置个性化；

（8）联网手段方便便捷；

（9）多媒体表现能力强大；

（10）数据安全措施得力。

8．Windows 的启动过程如下。

（1）首先加电自检，检查无误后 BIOS 引导计算机去读取硬盘上的 MBR，根据 MBR 中的信息找到引导分区，将引导分区内的引导扇区代码读入内存并把控制权交给该代码。引导扇区代码

的作用：向 Windows 提供磁盘驱动器（硬盘）的结构和格式信息，并且从磁盘根目录中读取 Ntldr 文件，当引导扇区代码将 Ntldr 加载到内存后，再把控制权交给 Ntldr 的入口点。当引导扇区代码在根目录中没有找到 Ntldr 文件时，对 FAT 格式的文件系统，则显示 "Boot：无法找到 Ntldr"，对 NTFS 格式的引导文件系统，则显示 "NTLDR 丢失"。

（2）Ntldr 使用内建的文件系统代码从根目录读取 boot.ini 文件（Ntldr 内建代码与引导扇区文件系统代码不同，Ntldr 文件系统代码可以读取子目录），接着清除屏幕。若 boot.ini 中存在不止一种引导选项，则显示引导选择菜单。当用户在 boot.ini 制定的超时范围内未有任何响应时，Ntldr 就选择默认的选项。

（3）引导选项确定后，Ntldr 加载和执行 Ntdetect.com，其实是使用系统 BIOS 进行查询计算机基本设备和设置信息的 16 位实模式程序。

（4）Ntldr 接下来开始清除屏幕，并显示 "Starting Windows…" 进度栏。

（5）Ntldr 加载合适的内核和 HAL 映像文件（缺省为 Ntoskrnl.exe 和 HAL.dll），读入 SYSTEM 注册表 hive 文件（hive 文件是一种包含注册表子树的文件），以确定该加载哪些引导驱动程序，加载引导驱动程序是为 Ntoskrnl.exe 的执行准备 CPU 寄存器。

（6）Ntldr 调用 Ntoskrnl.exe 并由它开始初始化执行程序子系统，并引导系统启动（system-start）设备驱动程序，当初始化工作全部完成后，Ntoskrnl.exe 为系统本机应用程序作准备并运行 smss.exe。

（7）winlogon 开始执行其启动步骤，如创建初始的窗口和桌面对象等。

（8）创建服务控制管理器（SCM）进程（Winnt\System32\Services.exe），加载所有的标记为自动启动（auto-start）的服务程序和设备驱动程序以及本机安全验证子系统（Lsass）进程（Winnt\system32\Lsass.exe）。

（9）当一切加载成功且用户在控制台成功登录后，SCM 则认为系统引导成功，注册表中已知最近正确配置（HKLM\SYSTEM\select\LastKnownGooD）由\CurrentControlSet 替代。反之，若用户在引导的时候选择高级菜单中的已知最近正确模式（LastKnownGooD）或者加载时驱动程序返回一个关键的错误，系统会以 LastKnownGood 的值作为 CurrentControlSet 的值。

9. 桌面就是启动 Windows 后的整个屏幕区域。桌面有自己的背景图案，桌面上有各种图标，有一个任务栏，任务栏上有一个开始菜单、任务按钮和其他显示信息。

10. 窗口就是 Windows 桌面上的一个矩形区域。窗口是 Windows 重要的可视化操作界面，由边框、标题栏、菜单栏、工具栏、状态栏和工作面等组成。窗口分为程序窗口、文档窗口和对话框窗口。

11. 鼠标操作包括以下几项。

指向：将鼠标光标移动到某一选择的对象上称为指向操作。

单击（左键）：按下鼠标左键并立即松开，以确认选择的对象。

双击（左键）：在规定时间内连续按动鼠标左键两次，以打开一个窗口或启动一个程序。

三击（左键）：在规定的时间内连续按动鼠标左键三次，以确认选择特殊的对象。

右击（右键）：按下鼠标右键并立即松开，以打开关于某一特定对象的快捷菜单。

拖曳（左键）：将鼠标光标移动到某一选定的对象上，按住鼠标左键不放，滑动鼠标到另一位置，再松开左键，将所选对象搬移到新位置。

12. 菜单是表现 Windows 功能的有效形式和工具之一。菜单按层次结构进行组织。最高层可以是一个具体功能的菜单项，也可以是一类菜单组成的菜单组项。每组又可能包含若干菜单项和/

或菜单组项，称之为级联菜单，还可能有再下一级级联菜单，呈树形结构。菜单项是树形结构的最底一层，表示一个具体的系统功能操作。

13．计算机系统由丰富的硬件资源和软件资源组成。通过"我的电脑"和"资源管理器"可以使用计算机提供的所有资源。

14．文件夹是登录文件的场所。通常登录每一个文件的文件主名、扩展名、长度、日期、时间、文件属性和文件的存储位置等信息。在同一个文件夹里不能登录有相同文件名的两个文件。文件夹同样要有一个文件夹名。如 My Documents 文件夹，My Documents 就是文件夹名，在这个文件夹中还可以包含其他的一些文件或文件夹。

文件定位是指唯一定位一个文件的表达方法，即 DOS 操作系统的路径。全程的文件定位是：【盘符\】【目录路径\】【文件主名】【.扩展名】，称为文件定位符。

如：d:\dir1\dir2\dir3\abc.exe。

15．根据 Windows 安置文件的不同层次，运行程序的方法有以下几种。

（1）在桌面或窗口上用程序文件图标运行程序

在桌面或窗口上找到期望的程序文件图标，指向它并双击鼠标，则立即运行这个程序。

（2）利用"开始"菜单运行程序

单击"开始"，按级联菜单逐层寻找期望的程序文件菜单项，单击它就运行该程序。

（3）利用"开始"菜单的"运行"菜单项运行程序

选择"开始→运行"，显示"运行"对话框，在其中直接输入要运行程序的文件定位符，或通过"浏览"按钮选择一个程序名，再按"确定"按钮，则立即运行该程序。

（4）利用数据文件运行程序

通过对桌面或窗口上的数据文件图标、开始菜单中的数据文件菜单、文件夹中的数据文件名的操作就可以运行产生该数据文件相应的程序。

（5）利用"快速启动"按钮运行程序

在桌面的任务条上可以设置"快速启动"按钮，单击其中表示程序的按钮就能运行该程序。

（6）便捷的快捷方式

快捷方式是进入应用程序、文档、网络服务器或其他任何对象的最快方法。通过为应用程序或文档建立快捷方式，并将其放置于桌面上，就可以通过鼠标快速访问这些对象。

16．Linux 操作系统是一套免费使用和自由传播的类 UNIX 操作系统，它主要用于基于 Intel x86 系列 CPU 的计算机上，是不受任何商品化软件的版权制约的、全世界都能自由使用的 UNIX 操作系统兼容产品。Linux 操作系统是在 GNU（GNU's Not Unix）公共许可权限下免费获得的，是一个符合 POSIX 标准的操作系统。Linux 操作系统以高效性和灵活性著称，具有多任务、多用户的能力。Linux 操作系统软件包不仅包括完整的 Linux 操作系统，而且还包括了文本编辑器、高级语言编译器等应用软件。它还包括带有多个窗口管理器的 X-Windows 图形用户界面，如同 Windows NT 一样，允许使用窗口、图标和菜单对系统进行操作。Linux 操作系统属于自由软件，用户不用支付任何费用就可以获得，包括源代码，其为广大的计算机爱好者提供了学习、探索以及修改计算机操作系统内核的机会；用户还可以根据自己的需要对其进行必要的修改；Linux 操作系统具有 UNIX 操作系统的全部功能，任何使用 UNIX 操作系统或想要学习 UNIX 操作系统的人都可以从 Linux 操作系统中获益。

17．Linux 操作系统具有以下优点及不足。

优点：

（1）完全免费；

（2）完全兼容 POSIX 1.0 标准；

（3）多用户、多任务；

（4）良好的界面；

（5）丰富的网络功能；

（6）安全可靠、性能稳定；

（7）支持多种平台

不足：

（1）目前在个人计算机操作系统行业中，Windows 系统占据主导位置，操作系统的更换对继续使用以前的软件是否有影响要考虑；

（2）由于 Linux 操作系统的驱动程序不足，许多硬件设备的使用受到影响；

（3）Linux 操作系统最大的缺憾是软件支持的不足。

18．Linux 操作系统一般有 4 个主要部分：内核、Shell、文件结构和实用工具。

（1）Linux 操作系统内核

内核是系统的心脏，是运行程序和管理磁盘和打印机等硬件设备的核心程序。它从用户那里接受命令并把命令送给内核去执行。

（2）Linux 操作系统 Shell

Shell 是系统的用户界面，提供了用户与内核进行交互操作的一种接口。它接收用户输入的命令并把它送入内核去执行。

（3）Linux 操作系统文件结构

文件结构是文件存放在磁盘等存储设备上的组织方法。主要体现在对文件和目录的组织上。

（4）Linux 操作系统实用工具

标准的 Linux 操作系统都有一套叫做实用工具的程序，是专门的程序。例如，编辑器、执行标准的计算操作等。用户也可以产生自己的工具。

实用工具可分 3 类。

编辑器：用于编辑文件。

过滤器：用于接收数据并过滤数据。

交互程序：允许用户发送信息或接收来自其他用户的信息。

19．为了标识存储在磁盘上的文件，必须给每个文件起一个名字，存储在文件管理系统中的文件名都是唯一的。文件全名由盘符名、路径、主文件名（文件名）和文件扩展名 4 部分组成。

20．PATH 的功能是设置路径或显示、取消设置的路径。PATH 所能引导 DOS 去寻找的，仅仅是以.COM、.EXE 和.BAT 为扩展名的可执行文件。

21．AUTOEXEC.BAT 是自动执行批处理文件的文件名。文件名是系统规定的，不能修改。AUTOEXEC.BAT 的文件内容根据用户的需要而定。AUTOEXEC.BAT 应该存放在启动盘的根目录中。DOS 系统在启动过程中会查询启动盘的根目录中是否存在自动批处理文件，若存在，则执行该文件。

22．控制面板是 Windows 的一个重要的系统文件夹，安装 Windows 时，Windows 安装程序将在"控制面板"文件夹中放置各种向导、快捷方式和文件。允许修改计算机和其自身几乎所有部件的外观和行为，用来调整系统的环境参数默认值和各种属性，添加新的软件和硬件等。

第3章
办公应用软件及其应用

3.1 重点与难点

3.1.1 Office 2010 通用操作

1. 启动 Office 2010 应用程序
2. 工具栏的加载
3. Office 命令执行的 3 种方式
（1）菜单方式
（2）工具栏按钮方式
（3）快捷键方式
4. 关闭 Office 2010 应用程序
5. 创建一个空文档的步骤
6. 打开一个以前保存过的文档
7. 保存已有的文档
8. 关闭文档

3.1.2 中文字处理软件 Word 2010 的应用

1. 改变 Word 的默认目录的步骤
2. 设置自动保存的时间间隔
3. 插入态和改写态
4. 插入特殊符号或非英文字母的步骤
5. 复制方法
6. 剪切方法
7. 粘贴方法
8. 查找与替换
9. 撤销与恢复
10. 视图
11. 插入分隔符
12. 分栏处理

13．插入剪贴画

14．图形、图片的常规操作

15．文本框

16．设置纸张大小和页面方向的步骤

17．表格的创建

18．表格中单元格、行及列的增加或删除

19．为表格设置边框的步骤

20．单元格引用标识

21．打印预览

3.1.3　中文电子表格软件 Excel 2010 的应用

1．Excel 2010 的启动

2．工作表的建立和编辑

3．工作簿的建立和编辑

4．单元格或单元格区域的选定

5．单元格引用

6．工作表的格式化

7．利用"填充"功能快速输入相同的数据

8．公式和函数的使用

9．数据的编辑、分析和管理

10．公式与函数计算

11．图表的制作及打印

3.1.4　中文演示文稿软件 PowerPoint 2010 的应用

1．演示文稿的建立

2．不同视图的使用

3．演示文稿的基本操作

4．修饰演示文稿

5．对象的插入，动作的设置

6．选择演示文稿模板

7．修改幻灯片母版

8．创建超级链接

9．演示文稿的放映

10．演示文稿的打包和打印

11．利用模板创建 Internet 的演示文稿

3.2　重点与难点习题解析

【例题 3–1】Office 2010 应用程序中的"剪切"和＿＿＿＿＿＿命令，可将选定区域的内容放到剪

贴板上。

  A．粘贴   B．复制   C．清除   D．替换

【解析】

  Office 2010 应用程序中的"剪切"命令和"复制"命令功能类似之处是都可以将选定区域的内容放到剪贴板上。所不同的是"剪切"命令将文档中选定区域的内容删除；而"复制"命令使得文档中选定区域的内容不变，仍保留在原处。

【正确答案】B

【例题 3-2】在 Office 2010 应用程序编辑状态下，当选中内容后，下列操作_____不能实现剪切操作。

  A．按下 Del 键或 Backspace 键   B．按下"Ctrl+X"组合键

  C．单击工具栏上的"剪切"按钮   D．单击"编辑"菜单中的"剪切"命令

【解析】

  "剪切"与"删除"不是一回事。"删除"操作是将选中的内容从文档中真正删去，而"剪切"操作则将选中的内容从文档中转移到剪贴板上去。用户可以使用"粘贴"操作把它粘贴到文档的任何地方。所以答案中的 A 完成的是"删除"操作，而答案 B、C、D 则完成的是"剪切"操作。

【正确答案】A

【例题 3-3】在 Office 2010 应用程序编辑状态下的"快速保存文件"是将_____存盘。

  A．整个文件内容   B．变化过的内容

  C．选中的文本内容   D．剪贴板上的内容

【解析】

  Office 2010 应用程序中的快速保存文档只是将变化过的内容存盘，因此可加快存盘速度，但采用此种方法存盘时需要较大的内存和剩余的磁盘空间。

【正确答案】B

【例题 3-4】下列操作中，_____不能将剪贴板上的内容复制到"插入点"处。

  A．单击工具栏上的"粘贴"按钮

  B．单击工具栏上的"复制"按钮

  C．单击"编辑"菜单中的"粘贴"命令

  D．按"Ctrl+V"组合键

【解析】

  若将剪贴板上的内容复制到"插入点"处，可采用 3 种方法之一。即所给的答案 A、C、D 均可完成将剪贴板上的内容复制到"插入点"处；而答案 B 则仅能完成将选定内容复制到剪贴板上，不能将剪贴板上的内容复制到"插入点"处。

【正确答案】B

【例题 3-5】在 Office 2010 应用程序下，利用_____选项卡的"查找"命令，在当前文件中迅速找出指定的内容。

  A．文件   B．开始   C．插入   D．审阅

【解析】

  Office 2010 应用程序提供的查找功能是利用"开始"选项卡中的"查找"命令，在当前文件中迅速找出指定的内容，其操作如下：

  （1）单击"开始"选项卡中的"查找"命令，显示"查找"对话框；

（2）在"查找内容"文本框内输入要查找的内容；

（3）在"搜索范围"中选择全部、向上或向下搜索范围；

（4）选定查找限制（区分大小写、区分全半角、全字匹配及模式匹配）；

（5）单击"查找下一个"按钮。

系统开始查找，被找到的内容反相显示，此时"查找"对话框并没有关闭。若要继续查找同一内容，可再单击"查找下一个"按钮；若要关闭"查找"对话框，只需按 Esc 键或单击"取消"按钮即可。

【正确答案】B

【例题 3-6】在 Word 和 PowerPoint 文档编辑中绘制矩形时，若按住 Shift 键，则绘制出_____。

A．圆 　　　　　　　　　　　　　　B．正方形

C．以出发点为中心的正方形 　　　　D．椭圆

【解析】

在 Word 和 PowerPoint 文档编辑中，可利用绘图工具栏上的"矩形"工具按钮绘制矩形或正方形。其操作如下：

（1）单击绘图工具栏上的"矩形"工具按钮；

（2）将鼠标指针指向拟画矩形的一个角的位置上；

（3）按住鼠标左键并拖动到拟画矩形的对角位置松开，则画出矩形。

若在左拖动的同时又按下 Shift 键则画出正方形；若在左拖动的同时又按下 Ctrl 键，则画出以出发点为中心的矩形；若在左拖动的同时又按下"Ctrl+Shift"组合键，则画出以出发点为中心的正方形。

【正确答案】B

【例题 3-7】在 Word 主窗口中，_____。

A．只能在一个窗口中编辑一个文档

B．能打开多个窗口，但只能编辑同一个文档

C．能打开多个窗口编辑多个文档，也可以有几个窗口编辑同一个文档

D．能打开多个窗口编辑多个文档，但不可以有两个窗口编辑同一个文档

【解析】

当 Word 启动之后，便在桌面上建立了一个 Word 窗口（主窗口）。在这个窗口里，每编辑一个文档就建立一个文档窗口。在这些窗口中既可以分别编辑不同的文档，也可以有几个窗口编辑同一个文档（通常用来编辑一个大文档的不同部分，或是以不同的显示方式观看同一个文档）。在这多个文档窗口中，只能有一个窗口为当前工作窗口，窗口之间也能进行内容的移动或复制。文档窗口与一般的窗口很类似，也有标题栏、最小化按钮、最大化（复原）按钮和关闭按钮等。

【正确答案】C

【例题 3-8】在 Office 2010 应用程序各主窗口中有多个文档窗口同时存在的情况下，单击"文件"选项卡中的"关闭"选项，将_____。

A．关闭所有文档，取消所有窗口

B．关闭当前窗口中编辑的文档，所有窗口维持不变

C．关闭当前窗口中编辑的文档，取消当前窗口，其他窗口不变

D．关闭当前窗口中编辑的文档，取消当前窗口和其他相关窗口

【解析】

"文件"菜单中的"关闭"选项的功能是关闭当前正在编辑的文档，将它从内存工作区空间里清除。相应地，当前窗口也就不存在了。由于允许使用不止一个窗口编辑同一个文档，所以与当前文档相关的，除了当前窗口，还可能有其他窗口，这些窗口也将同时取消。所以，正确答案是D。

【正确答案】D

【例题 3-9】在 Word 和 PowerPoint 文档编辑状态下，能插入到文档或幻灯片中的图形文件_____。

    A. 可以是 Windows 所能支持的多种格式的文件

    B. 只能是 Windows 中的"画图"程序产生的 .BMP 文件

    C. 只能是 Windows 中的 Excel 程序产生的统计图表

    D. 只能是在 Windows 中绘制的

【解析】

Word 具有很强的图文混排功能。在输入文字字符的过程中，可以随时把以文件形式存放在磁盘上的图形插入到文档中的指定位置上。这些图形文件可以是多种格式的，一般来说，只要是 Windows 所能支持的格式，都可以插入到 Word 和 PowerPoint 文档中。例如，用得最多的就是位图文件（.BMP）和由扫描仪生成的图形文件（.TIF）。当然，有一些格式的文件在插入时要经过一定的转换。所以，本题的正确答案应该是 A。

【正确答案】A

【例题 3-10】Office 2010 应用程序中将一个文档按新名存盘，应选"文件"选项卡中的____命令。

【解析】

Office 2010 应用程序中，若用户既想保存修改后的文档，又不想冲掉修改前的内容，或者按其他格式存盘，均需采用另存文档的方法。操作如下：

（1）单击"文件"选项卡中的"另存为"命令；

（2）在对话框中指出将文档另存的位置、文件名和文件类型等信息；

（3）单击"保存"按钮。

【正确答案】另存为

【例题 3-11】在 Word 中输入文本时，每按一次键盘上的 Enter 键，便产生一个_____。

【解析】

在 Word 中，段落是以段落标记划分的。在输入文本时，用户每按一次 Enter 键，Word 便产生一个段落标记。该段落标记代表当前段落的结束和新段落的开始。用户对段落所作的格式化信息存放在该段尾部的段落标记中。一旦删除一个段落标记，该段的格式化信息也就不存在了，该段落的内容将成为其后段落的组成部分，并按其后段落的方式进行格式化。用户可以单击常用工具栏上的"显示/隐藏"按钮，来显示或隐藏段落标记。

【正确答案】段落标记

【例题 3-12】用户可以通过"工具"菜单中的_____命令来指定标尺的刻度单位。

【解析】

一般来说，Word 总把标尺的默认单位设置为英寸，用户可以通过"工具"菜单中的"选项"命令来指定标尺的刻度单位，操作如下：

（1）单击"工具"菜单中的"选项"命令；

（2）单击对话框中的"常规"选项卡；

（3）在"度量单位"的下拉列表中选择所需的度量单位；

（4）单击"确定"按钮。

【正确答案】选项

【例题 3-13】在 Word 的文档编辑中，字体的大小使用_____和"号"作为字体大小的单位。

【解析】

Word 中同时使用了"号"和"磅"作为字体的大小单位，在格式工具栏中的"字体大小"列表框中同时列出了"号"和"磅"两种单位度量字体的大小。用中文字号表示，其字号越大，对应的字符显示越小；用单位磅表示，磅数（阿拉伯数字）越大，则对应的字符显示也越大。

【正确答案】磅

【例题 3-14】若将文档的标题设置为黑体字，则首先应_____。

【解析】

将文档的标题设置为黑体字是格式设置，必须先确定格式设置的作用范围，即选中进行格式设置的部分。所以首先应将标题选中。

【正确答案】选中标题

【例题 3-15】在 Word 文档编辑中，可以使用组合键_____来取消任何一种字符显示方式，回到正常显示状态。

【解析】

在 Word 文档编辑中，若对一种字符显示不满意，可以使用组合键 Ctrl+Z 来取消，回到正常显示方式状态；若对一段文本中的字符显示方式不满意，不论它是粗体显示、斜体显示、下划线显示或它们的组合显示，均可以先选中这段文本，使其反相显示，然后按 Ctrl+Z 组合键，就可以使文本恢复到正常显示状态。

【正确答案】"Ctrl+Z"

【例题 3-16】Word 文档编辑时，在_____状态下，插入字符则替代当前光标位置字符。

【解析】

刚进入 Word 时，系统处在插入状态，按下 Insert 键或单击状态栏中的"插入/改写"按钮可进行"插入/改写"状态的切换。若在"插入"状态下，光标移到新位置即可插入字符，当前光标位置字符自动向后移动；若在"改写"状态下，插入字符则替代当前光标位置字符。

【正确答案】改写

【例题 3-17】在 Office 2010 应用程序文件编辑中，使用_____可方便地进行文件内容的删除、复制、移动及文件间的操作。

【解析】

在 Office 2010 应用程序文件编辑中，使用剪贴板可方便地进行文件内容的删除、复制、移动及文件间的操作。剪贴板上总是记录最近一次"剪切"和"复制"的文本或图形，可以粘贴多次直到存入新内容。剪贴板上的内容还具有通用性，即在 Windows 下切换应用程序时，剪贴板中内容保持不变，可以将画图及书写器的文本或图形插入到 Office 2010 应用程序文件中。

【正确答案】剪贴板

【例题 3-18】在 Word 编辑状态下，当输入一段文字之后按_____组合键时，形成一个自然段；而按回车键时，将形成一个段落和段落标记。

【解析】

在 Word 中，屏幕上显示的自然段不一定就是段落，可以由若干自然段构成一个段落。在输入一段文字后按 Shift+Enter 组合键时，便形成一个自然段，但不是一个段落结束。此时的自然段与下面的自然段同属于一个段落。如果选中这个段落，则同属这个段落的几个自然段将同时被选择。如果输入一个自然段后按 Enter（回车）键，那么该自然段就是一个段落，并产生一个段落标记。段落标记代表段落的结束和另一个段落的开始，而段落是用户对文档进行格式设置的单位。用户对段落所做的格式化信息就存放在该段落尾部的段落标记中。一旦删除段落标记，则该段的格式化信息也被删除，该段便与下一段组合为一个段落。表面上看是两个或多个自然段的文本，如果共用一个段落标记，就具有共同的段落格式。

【正确答案】 "Shift+Enter"

【例题 3-19】 在 Word 编辑状态下，往表格中输入数据时，_____是一个单独的编辑范围。在修改表格时，一般首先要选择_____，再进行具体的修改操作。

【解析】

在 Word 编辑状态下，往表格中输入数据时，每个单元格是一个单独的编辑单位。当输入的内容到达单元格的右边界时会自动换行，单元格会自动加高。用户还可以以一个单元格为范围来设定字体、间距等格式。在修改表格时，首先要选择单元格、行或列，才能通过"表格"菜单中的相应命令删除表格中的单元格、行或列，拆分或合并单元格。另外，只要将插入点在表格中设置好，便可以插入行或列，将一个表格拆分为两个完整的表格等。

【正确答案】 单元格，单元格、行或列

3.3 习题

3.3.1 单项选择题

1. Word 是用来处理（   ）的软件。

A. 文字　　　　　　　B. 演示文稿　　　　　C. 数据库　　　　D. 电子表格

2. 在 Word 2010 中，默认保存后的文档格式扩展名为（   ）。

A. *.dos　　　　　　B. *.docx　　　　　　C. *.html　　　　D. *.txt

3. 用户想保存一个正在编辑的文档，但希望以不同文件名存储，可用（   ）命令。

A. 保存　　　　　　B. 另存为　　　　　　C. 比较　　　　　D. 限制编辑

4. 在 Word 中，如果在输入的文字或标点下面出现红色波浪线，表示（   ），可用"审阅"功能区中的"拼写和语法"来检查。

A. 拼写和语法错误　　B. 句法错误　　　　　C. 系统错误　　　D. 其他错误

5. 在 Word 2010 中，可以通过（   ）功能区对不同版本的文档进行比较和合并。

A. 页面布局　　　　　B. 引用　　　　　　　C. 审阅　　　　　D. 视图

6. 在 Word 2010 中，可以通过（   ）功能区对所选内容添加批注。

A. 插入　　　　　　　B. 页面布局　　　　　C. 引用　　　　　D. 审阅

7. 在 Word 2010 中，选定图形的简单操作方法是（   ）。

A. 双击图形　B. 单击图形　C. 选定图形所在的页　D. 选定图形占有的所有区域

8. 在 Word 2010 中，如果要在文档中选定的位置加入某文件夹中的一张图片，可以使用（　　）选项卡中的"图片"按钮。

A. 视图　　　　　B. 插入　　　　　C. 开始　　　　　D. 引用

9. 下面有关 Word 2010 表格功能的说法不正确的是（　　）。

A. 可以通过表格工具将表格转换成文本　　B. 表格的单元格中可以插入表格

C. 表格中可以插入图片　　　　　　　　　D. 不能设置表格的边框线

10. 在 Word 的文档窗口进行最小化操作（　　）。

A. 会将指定的文档关闭　　　　　　　　　B. 会关闭文档及其窗口

C. 文档的窗口和文档都没关闭　　　　　　D. 会将指定的文档从外存中读入，并显示出来

11. 若想设置文本的段落属性，应当使用（　　）。

A. "开始"选项卡中的命令　　　　　　　　B. "审阅"选项卡中的命令

C. "插入"选项卡中的命令　　　　　　　　D. "视图"选项卡中的命令

12. 在工具栏中 ∩ 按钮的功能是（　　）。

A. 撤销上次操作　　　　　　　　　　　　B. 加粗

C. 设置下划线　　　　　　　　　　　　　D. 改变所选择内容的字体颜色

13. 用 Word 进行编辑时，要将选定区域的内容放到剪贴板上，可单击工具栏中（　　）。

A. 剪切或替换　　B. 剪切或清除　　　　C. 剪切或复制　　　　D. 剪切或粘贴

14. 在 Word 中，用户同时编辑多个文档，要一次将它们全部保存应（　　）操作。

A.按住 Shift 键，并选择"文件"菜单中的"全部保存"命令

B.按住 Ctrl 键，并选择"文件"菜单中的"全部保存"命令

C.直接选择"文件"菜单中"另存为"命令

D.按住 Alt 键，并选择"文件"菜单中的"全部保存"命令

15. 设置字符格式用哪种操作（　　）。

A. "开始"选项卡中的命令　　　　　　　　B. "审阅"选项卡中的命令

C. "插入"选项卡中的命令　　　　　　　　D. "视图"选项卡中的命令

16. 在使用 word 进行文字编辑时，下面叙述中（　　）是错误的。

A.Word 可将正在编辑的文档另存为一个纯文本（TXT）文件

B.使用"文件"选项卡中的"打开"命令可以打开一个已存在的 Word 文档

C.打印机必须是已经开启的

D.Word 允许同时打开多个文档

17. 使图片按比例缩放应选用（　　）。

A. 拖动中间的句柄　　　　　　　　　　　B. 拖动四角的句柄

C. 拖动图片边框线　　　　　　　　　　　D. 拖动边框线的句柄

18. 要让 PowerPoint 2010 制作的演示文稿在 PowerPoint 2003 中放映，必须将演示文稿的保存类型设置为（　　）。

A. PowerPoint 演示文稿（*.pptx）　　　　B. PowerPoint 97-2003 演示文稿（*.ppt）

C. XPS 文档（*.xps）　　　　　　　　　　D. Windows Media 视频（*.wmv）

19. 在 Word 中，如果要使图片周围环绕文字应选择（　　）操作。

A. "绘图"工具栏中"文字环绕"列表中的"四周环绕"

B. "图片"工具栏中"文字环绕"列表中的"四周环绕"

C."常用"工具栏中"文字环绕"列表中的"四周环绕"

D."格式"工具栏中"文字环绕"列表中的"四周环绕"

20．将插入点定位于句子"天生我材必有用"中的"我"与"材"之间，按一下 Del 键，则该句子（　　）。

A.变为"天生材必有用"　　　　　　　　B.变为"天生我必有用"

C.整句被删除　　　　　　　　　　　　D.原句保持不变

21．要在幻灯片中插入表格、图片、艺术字、视频、音频等元素时，应在（　　）选项卡中操作。

A.插入　　　　　B.开始　　　　　C.文件　　　　　D.设计

22．要删除单元格正确的是(　　)。

A.选中要删除的单元格,按 Del 键　　　　B.选中要删除的单元格,按剪切按钮

C.选中要删除的单元格,使用 Shift+Del　　D.选中要删除的单元格,使用右键的"删除单元格"

23．中文 Word 的特点描述正确的是（　　）。

A.一定要通过使用"打印预览"才能看到打印出来的效果

B.不能进行图文混排

C.即点即输

D.无法检查英文拼写及语法错误

24．要对 Word 文档进行保存、打开、新建、打印等操作时，应在（　　）选项卡中操作。

A.文件　　　　　B.开始　　　　　C.设计　　　　　D.审阅

25．在 Word 主窗口的右上角，可以同时显示的按钮是（　　）。

A.最小化、还原和最大化　　　　　　　B.还原、最大化和关闭

C.最小化、还原和关闭　　　　　　　　D.还原和最大化

26．新建 Word 文档的组合键是（　　）。

A.Ctrl+N　　　　B.Ctrl+O　　　　C.Ctrl+C　　　　D.Ctrl+S

27．要设置幻灯片中对象的动画效果以及动画的出现方式时，应在（　　）选项卡中操作。

A.切换　　　　　B.设计　　　　　C.动画　　　　　D.审阅

28．要设置幻灯片的切换效果以及切换方式时，应在（　　）选项卡中操作。

A.切换　　　　　B.设计　　　　　C.开始　　　　　D.动画

29．下面对 Word 编辑功能的描述中（　　）是错误的。

A.Word 可以开启多个文档编辑窗口

B.Word 可以插入多种格式的系统时期、时间插入到插入点位置

C.Word 可以插入多种类型的图形文件

D.Word 是一个纯文本编辑软件

30．从第一张幻灯片开始放映幻灯片的快捷键是（　　）。

A.F2　　　　　　B.F3　　　　　　C.F5　　　　　　D.F4

31．要对幻灯片母版进行设计和修改时，应在（　　）选项卡中操作。

A.设计　　　　　B.视图　　　　　C.插入　　　　　D.审阅

32．从当前幻灯片开始放映幻灯片的快捷键是（　　）。

A.Shift + F3 组合键　　　　　　　　　B.Shift + F4 组合键

C.Shift + F5 组合键　　　　　　　　　D.Shift + F2 组合键

33. Word 在编辑一个文档完毕后，要想知道它打印后的结果，可使用（　　　）功能。

A. 打印预览　　　　B. 模拟打印　　　　C. 提前打印　　　　D. 屏幕打印

34. 在 Word 中要删除表格中的某单元格，应执行（　　　）操作。

A. "布局"选项卡中的"排序"命令　　　　B. "表格"选项卡中的"排序"命令

C. "视图"选项卡单中的"公式"命令　　　　D. "工具"选项卡中的"公式"命令

35. 在 Word 中，将表格数据排序应执行（　　　）操作

A. "布局"选项卡中的"排序"命令　　　　B. "表格"选项卡中的"排序"命令

C. "视图"选项卡单中的"公式"命令　　　　D. "工具"选项卡中的"公式"命令

36. 在 Word 若要删除表格中的某单元格所在行,则应选择"删除单元格"对话框中(　　　)。

A. 右侧单元格左移　　　　　　　　　B. 下方单元格上移

C. 整行删除　　　　　　　　　　　　D. 整列删除

37. 要进行幻灯片页面设置、主题选择，可以在（　　　）选项卡中操作。

A. 开始　　　　　B. 插入　　　　　C. 视图　　　　　D. 设计

38. 以下操作不能退出 Word 的是（　　　）。

A. 单击标题栏左端控制菜单中的"关闭"命令

B. 单击文档标题栏右端的 ☒ 按钮

C. 单击"文件"选项卡中的"退出"命令

D. 单击应用程序窗口标题栏右端的 ☒ 按钮

39. 用户在 Word 中编辑文档时，选择某一段文字后，按（　　　）键可以将这段文字删除。

A. Alt　　　　　B. Shift　　　　　C. Ctrl　　　　　D. BackSpace

40. 用户在 Word 2010 中编辑文档时，选择某一段文字后，把鼠标指针置于选中文本的任一位置，按 Ctrl 键并按鼠标左键不放，拖到另一位置上才松开鼠标。那么，该用户刚才的操作是（　　　）。

A. 移动文本　　　　B. 复制文本　　　　C. 替换文本　　　　D. 删除文本

41. 在 Word 2010 的编辑状态，进行字体设置操作后，按新设置的字体显示的文字是（　　　）。

A. 插入点所在的段落中的文字　　　　B. 文档中被选择的文字

C. 插入点所在行中的文字　　　　　　D. 文档的全部文字

42. 在 Word 2010 中，下面叙述正确的是（　　　）。

A. 不能同时打开多个窗口

B. 可以同时打开多个窗口，但它们只能编辑同一个文档

C. 可以同时打开多个窗口，编辑多个文档，但不能有两个窗口编辑同一个文档

D. 可以同时打开多个窗口，编辑多个文档，也能有几个窗口编辑同一个文档

43. 当一个 Word 窗口被关闭后，被编辑的文件将（　　　）。

A. 被从磁盘中清除　　　　　　　　　B. 被从内存中清除

C. 被从内存和磁盘中清除　　　　　　D. 不会被从内存和磁盘中清除

44. 如果要删除表格的行或列，可以选择要删除的行或列，然后按（　　　）键。

A. "Ctrl+X"组合　　　B. Tab　　　C. "Ctrl+C"组合　　　D. Delete

45. 若将文档当前位置移动到该文档顶行，正确的操作是按（　　　）。

A. Home 键　　　　　　　　　　　　B. "Ctrl+Home"组合键

C. "Shift+Home"组合键　　　　　　D. "Ctrl+Shift+Home"组合键

46. 在中文输入状态中，按 Caps Lock 键可切换到大写字母状态，此时键入字母将出现大写字母，如果此时要输入小写字母，可按（　　　）键键入对应的字母。

A. Shift　　　　B. "Shift+Ctrl" 组合　　　　C. Ctrl　　　　D. Alt

47. 在编辑 Word 中，选择一个句子的操作是，移光标到待选句子任意处，然后按住（　　　）键后，单击鼠标左键。

A. Alt　　　　B. Ctrl　　　　C. Shift　　　　D. Tab

48. 在 Word 中，除了能选定行文本块，还能选定列文本块，其操作是按（　　　）键同时用鼠标拖曳需选定的文本。

A. Ctrl　　　　B. Shift　　　　C. Alt　　　　D. Tab

49. 在 Word 2010 中，按下键盘上的 "Shift+Home" 组合键，可以选定（　　　）。

A. 从插入点到行末的文本　　　　B. 从插入点到行首的文本

C. 插入点所在整句话　　　　D. 插入点所在的整个段落

50. 在中文 Office 2010 下，为释放被占用的内存资源，提高应用程序的运行速度，提倡编辑完文档随时（　　　）。

A. 保存文件　　　B. 全部保存　　　C. 快速保存　　　D. 关闭文件

51. 在 Word 中，关于图形的操作，以下（　　　）是错误的。

A. 可以移动图片　　　　B. 可以复制图片

C. 可以编辑图片　　　　D. 既不可以按百分比缩放图片，也不可以调整图片的颜色

52. Word 文档中，每个段落都有自己的段落标记，段落标记的位置在（　　　）。

A. 段落的首部　　　　B. 段落的结尾处

C. 段落的中间位置　　　　D. 段落中，但用户找不到的位置

53. 在 Word 文档正文中段落对齐方式有左对齐、右对齐、居中对齐、（　　　）和分散对齐。

A. 上下对齐　　　B. 前后对齐　　　C. 两端对齐　　　D. 内外对齐

54. 在 Word 文档编辑中，可使用（　　　）选项卡中的 "段落" 命令来设置行间距和段落间距。

A. 页面布局　　　B. 开始　　　C. 插入　　　D. 视图

55. 在 Excel 2010 中，默认保存后的工作簿格式扩展名是（　　　）。

A. *.xlsx　　　B. *.xls　　　C. *.htm　　　D. .bmp

56. 在 Excel 2010 中，可以通过（　　　）功能区对所选单元格进行数据筛选。

A. 格式　　　B. 开始　　　C. 插入　　　D. 数据

57. 以下不属于 Excel 2010 中数字分类的是（　　　）。

A. 常规　　　B. 货币　　　C. 文本　　　D. 条形码

58. Excel 中，打印工作簿时下面的哪个表述是错误的？（　　　）

A. 一次可以打印整个工作簿

B. 一次可以打印一个工作簿中的一个或多个工作表

C. 在一个工作表中可以只打印某一页

D. 不能只打印一个工作表中的一个区域位置

59. 在 Excel 2010 中要录入身份证号，数字分类应选择（　　　）格式。

A. 常规　　　B. 数字（值）　　　C. 科学计数　　　D. 文本

60. 在 Excel 2010 中要想设置行高、列宽，应选用（　　　）功能区中的 "格式" 命令。

A．开始　　　　　　B．插入　　　　　　C．页面布局　　　D．视图

61．在 Excel 2010 中，在（　　）功能区可进行工作簿视图方式的切换。

A．开始　　　　　B．页面布局　　　　C．审阅　　　　　D．视图

62．在 Excel 2010 中套用表格格式后，会出现（　　）功能区选项卡。

A．图片工具　　　B．表格工具　　　　C．绘图工具　　　D．其他工具

63．Excel 工作表最多可有（　　）列。

A．65535　　　　B．256　　　　　　C．255　　　　　D．128

64．在 Excel 中，给当前单元格输入数值型数据时，默认为（　　）。

A．居中　　　　　B．左对齐　　　　　C．右对齐　　　　　　D．随机

65．在 Excel 工作表单元格中，输入下列表达式（　　）是错误的。

A．=(15-A1)/3　　B．= A2/C1　　　　C．SUM(A2:A4)/2　　D．=A2+A3+D4

66．Excel 工作表中可以进行智能填充时，鼠标的形状为（　　）。

A．空心粗十字　　B．向左上方箭头　　C．实心细十字　　　D．向右上方箭头

67．在 Excel 工作簿中，有关移动和复制工作表的说法，正确的是（　　）。

A．工作表只能在所在工作簿内移动，不能复制

B．工作表只能在所在工作簿内复制，不能移动

C．工作表可以移动到其他工作簿内，不能复制到其他工作簿内

D．工作表可以移动到其他工作簿内，也可以复制到其他工作簿内

68．在 Excel 工作表中，单元格区域 D2:E4 所包含的单元格个数是（　　）。

A．5　　　　　　B．6　　　　　　　C．7　　　　　　D．8

69．若在数值单元格中出现一连串的"###"符号,希望正常显示则需要（　　）。

A．重新输入数据　B．调整单元格的宽度　C．删除这些符号　D．删除该单元格

70．一个单元格内容的最大长度为（　　）个字符。

A．64　　　　　　B．128　　　　　　C．225　　　　　D．256

71．准备在一个单元格内输入一个公式,应先键入（　　）先导符号。

A．$　　　　　　B．>　　　　　　　C．〈　　　　　　D．=

72．利用鼠标拖放移动数据时，若出现"是否替换目标单元格内容?"的提示框，则说明（　　）。

A．目标区域尚为空白　　　　　　B．不能用鼠标拖放进行数据移动

C．目标区域已经有数据存在　　　D．数据不能移动

73．当在某单元格内输入一个公式并确认后，单元格内容显示为#REF!，它表示（　　）。

A．公式引用了无效的单元格　　　B．某个参数不正确

C．公式被零除　　　　　　　　　D．单元格太小

74．在 Excel 中，如果要在同一行或同一列的连续单元格使用相同的计算公式，可以先在第一单元格中输入公式，然后用鼠标拖动单元格的（　　）来实现公式复制。

A．列标　　　　　B．行标　　　　　C．填充柄　　　　D．框

75．Excel 表示的数据库文件中最多可有（　　）条记录。

A．65536　　　　B．65535　　　　　C．1023　　　　　D．1024

76．在 Excel 操作中，如果单元格中出现"#DIV/0!"的信息，这表示（　　）。

A．公式中出现被零除的现象　　　B．单元格引用无效

C．没有可用数值　　　　　　　　D．结果太长，单元格容纳不下

77．在 Excel 操作中，某公式中引用了一组单元格，它们是(C3:D7，A1:F1)，该公式引用的单元格总数为（　　）。

　　A．4　　　　　　　　B．12　　　　　　　　C．16　　　　　　　　D．22

78．Excel 中有多个常用的简单函数，其中函数 AVERAGE（区域）的功能是（　　）。

　　A．求区域内数据的个数　　　　　　　　B．求区域内所有数字的平均值

　　C．求区域内数字的和　　　　　　　　　D．返回函数的最大值

79．Excel 是美国微软公司研制的（　　）软件，功能强大，使用方便。

　　A．文字处理　　　　B．电子表格　　　　C．数据库管理系统　　　D．程序设计语言

80．在 Excel 中建立的文件通常被称为（　　）。

　　A．工作表　　　　　B．单元格　　　　　C．二维表格　　　　　D．工作簿

81．在 Excel 中，直接处理的对象称为工作表，若干工作表的集合称为（　　）。

　　A．工作簿　　　　　B．文件　　　　　　C．字段　　　　　　　D．活动工作簿

82．在 Excel 2010 中，一个新工作簿默认有（　　）个工作表。

　　A．10　　　　　　　B．4　　　　　　　　C．5　　　　　　　　D．3

83．在 Excel 工作簿中，同时选择多个相邻的工作表，可以在按住（　　）键的同时依次单击各个工作表的标签。

　　A．Tab　　　　　　B．Alt　　　　　　　C．Shift　　　　　　　D．Ctrl

84．在 Excel 中，选择不连续的行或列，首先选定第一行或第一列，再按下（　　）键的同时单击其他行或列。

　　A．Ctrl　　　　　　B．Shift　　　　　　C．Alt　　　　　　　D．"Ctrl+Shift"组合

85．在 Excel 中，选定一个连续单元格区域的过程为：单击单元格区域一个角的单元格，（　　）。

　　A．选定要输入数据的单元格　　　　　　B．拖放到此单元格区域对角的单元格

　　C．单击此单元格区域对角的单元格　　　D．选定插入点

86．已经在 Excel 某工作表的 F10 单元格中输入了八月，再拖动该单元格的填充柄往上移动，请问在 F9、F8、F7 单元格会出现的内容是（　　）。

　　A．九月、十月、十一月　　　　　　　　B．七月、六月、五月

　　C．五月、六月、七月　　　　　　　　　D．八月、八月、八月

87．对 Excel 中的行高和列宽来说，（　　）。

　　A．列宽可调，行高不可调　　　　　　　B．列宽不可调，行高可调

　　C．列宽和行高都不可调　　　　　　　　D．列宽和行高都可调

88．Excel 中的求和函数 "=SUM(D4:D7)" 表示（　　）。

　　A．对 D4、D5、D6 和 D7 四个单元格求和

　　B．对 D4 和 D7 两个单元格求和

　　C．对 D4 和 D7 两个单元格以外的所有单元格求和

　　D．对 D4 和 D7 两个单元格之间的 D5 和 D6 单元格求和

89．在 Excel 工作表中，若单元格 D3=10、E3=20、D4=20、E4=20，当在单元格 F3 中填入公式 "=D3+E3"，将此公式复制到 F4 单元格中，则 F4 单元格的值为（　　）。

　　A．20　　　　　　　B．40　　　　　　　C．100　　　　　　　D．400

90．PowerPoint 2010 最主要的功能是（　　）。

A．创建和显示图形演示文稿　　　　B．文字处理

C．图形处理　　　　　　　　　　　D．收发邮件

91．PowerPoint 2010 演示文稿的扩展名是（　　　）。

A．.ppt　　　　　　B．.pptx　　　　　　C．.xslx　　　　　　D．.docx

3.3.2　多项选择题

1．在 Word 2010 中"审阅"功能区的"翻译"可以进行（　　　）操作。

A．翻译文档　　　B．翻译所选文字　　　C．翻译屏幕提示　　　D．翻译批注

2．在 Word 2010 中插入艺术字后，通过绘图工具可以进行（　　　）操作。

A．删除背景　　　B．艺术字样式　　　　C．文本　　　　　　D．排列

3．在 Word 2010 中，"文档视图"方式有哪些（　　　）。

A．页面视图　　　　　　B．阅读版式视图

C．web 版式视图　　　　D．大纲视图　　　　E．草稿

4．插入图片后，可以通过出现的"图片工具"功能区对图片进行哪些美化设置（　　　）。

A．删除背景　　　B．艺术效果　　　C．图片样式　　　D．裁剪

5．在 Word 2010 中，可以进行哪些插入（　　　）元素。

A．图片　　　　　　B．剪贴画　　　　　C．形状

D．屏幕截　　　　　E．页眉和页脚　　　F．艺术字

6．在 Word 2010 中，插入表格后可通过出现的"表格工具"选项卡中的"设计"、"布局"进行哪些操作（　　　）。

A．表格样式　　　　　　　B．边框和底纹

C．删除和插入行列　　　　D．表格内容的对齐方式

7．"开始"功能区的"字体"组可以对文本进行哪些操作设置（　　　）。

A．字体　　　　　　B．字号　　　　　C．消除格式　　　　D．样式

8．在 Word 2010 的"页面设置"中，可以设置的内容有（　　　）。

A．打印份数　　　B．打印的页数　　　C．打印的纸张方向　　　D．页边距

9．Excel 2010"文件"按钮中的"信息"有哪些（　　　）内容。

A．权限　　　　　　B．检查问题　　　　C．管理版本　　　　D．帮助

10．在 Excel 2010 的打印设置中，可以设置打印的是（　　　）。

A．打印活动工作表　　　　　　B．打印整个工作簿

C．打印单元格　　　　　　　　D．打印选定区域

11．在 Excel 2010 中，工作簿视图方式有哪些（　　　）。

A．普通　　　　　　　　B．页面布局

C．分页预览　　　　　　D．自定义视图　　　　E．全屏显示

12．Excel 的三要素是（　　　）。

A．工作簿　　　B．工作表　　　　　C．单元格　　　　D．数字

13．Excel 2010 的"页面布局"功能区可以对页面进行（　　　）设置。

A．页边距　　　B．纸张方向、大小　　　C．打印区域　　　D．打印标题

14．在"幻灯片放映"选项卡中，可以进行的操作有（　　　）。

A．选择幻灯片的放映方式　　　　　B．设置幻灯片的放映方式

C. 设置幻灯片放映时的分辨率　　　　D. 设置幻灯片的背景样式

15. 在进行幻灯片动画设置时，可以设置的动画类型有（　　　）。

A. 进入　　　　　B. 强调　　　　　C. 退出　　　　　D. 动作路径

16. 在"切换"选项卡中，可以进行的操作有（　　　）。

A. 设置幻灯片的切换效果　　　　　　B. 设置幻灯片的换片方式

C. 设置幻灯片切换效果的持续时间　　D. 设置幻灯片的版式

17. 下列属于"设计"选项卡工具命令的是（　　　）。

A. 页面设置、幻灯片方向　　　　　　B. 主题样式、主题颜色、主题字体、主题效果

C. 背景样式　　　　　　　　　　　　D. 动画

18. 下列属于"插入"选项卡工具命令的是（　　　）。

A. 表格、公式、符号　　　　　　　　B. 图片、剪贴画、形状

C. 图表、文本框、艺术字　　　　　　D. 视频、音频

19. PowerPoint 2010 的功能区由（　　　）组成。

A. 菜单栏　　　　　　　　　　　　　B. 快速访问工具栏

C. 选项卡　　　　　　　　　　　　　D. 工具组

20. PowerPoint 2010 的优点有（　　　）。

A. 为演示文稿带来更多活力和视觉冲击

B. 添加个性化视频体验

C. 使用美妙绝伦的图形创建高质量的演示文稿

D. 用新的幻灯片切换和动画吸引访问群体

3.3.3　填空题

1. 当执行了误操作后，可以单击_____按钮撤销当前操作，还可以从_____列表中执行多次撤销或恢复多少撤销的操作。

2. Word 表格由若干行，若干列组成，行和列交叉的地方称为_____。

3. 在 Word 2010 中，选定文本后，会显示出_____，可以对字体进行快速设置。

4. 在 Word 2010 中，想对文档进行字数统计，可以通过_____功能区来实现。

5. 在 Word 2010 中，给图片或图像插入题注是选择_____功能区中的命令。

6. 在"插入"功能区的"符号"组中，可以插入_____和"符号"、编号等。

7. 在 Word 2010 中的邮件合并，除需要主文档外，还需要已制作好的_____支持。

8. 在 Word 2010 中插入了表格后，会出现"_____"选项卡，对表格进行"设计"和"布局"的操作设置。

9. 在 Word 2010 中，进行各种文本、图形、公式、批注等搜索可以通过_____来实现。

10. 在 Word 2010 的"开始"功能区的"样式"组中，可以将设置好的文本格式进行"将所选内容保存为_____"的操作。

11. Excel 2010 默认保存工作簿的格式扩展为_____。

12. 在 Excel 中，如果要将工作表冻结便于查看，可以用_____功能区的"冻结窗格"来实现。

13. 在 Excel 2010 中新增"迷你图"功能，可选定数据在某单元格中插入迷你图，同时打开_____功能区进行相应的设置。

14．在 Excel 中，如果要对某个工作表重新命名，可以用开始功能区的"_____"来实现。

15．在 A1 单元格内输入"30001"，然后按下"Ctrl"键，拖动该单元格填充柄至 A8，则 A8 单元格中内容是_____。

16．一个工作簿包含多个工作表，缺省状态下有_____个工作表，分别为_____、_____、_____。

17．Excel 2010 中，对输入的文字进行编辑是选择_____功能区。

18．要在 PowerPoint 2010 中设置幻灯片动画，应在_____选项卡中进行操作。

19．要在 PowerPoint 2010 中显示标尺、网络线、参考线，以及对幻灯片母版进行修改，应在_____选项卡中进行操作。

20．在 PowerPoint 2010 中要用到拼写检查、语言翻译、中文简繁体转换等功能时，应在_____选项卡中进行操作。

21．在 PowerPoint 2010 中对幻灯片进行页面设置时，应在_____选项卡中操作。

22．要在 PowerPoint 2010 中设置幻灯片的切换效果以及切换方式，应在_____选项卡中进行操作。

23．要在 PowerPoint 2010 中插入表格、图片、艺术字、视频、音频时，应在_____选项卡中进行操作。

24．在 PowerPoint 2010 中对幻灯片进行另存、新建、打印等操作时，应在_____选项卡中进行操作。

25．在 PowerPoint 2010 中对幻灯片放映条件进行设置时，应在_____选项卡中进行操作。

3.3.4　判断题（对的打"√"，错误的打"×"）

1．Word 中不插入剪贴画。（　　）

2．插入艺术字既能设置字体，又能设置字号。（　　）

3．Word 中被剪掉的图片可以恢复。（　　）

4．页边距可以通过标尺设置。（　　）

5．如果需要对文本格式化，则必须先选择被格式化的文本，然后再对其进行操作。（　　）

6．页眉与页脚一经插入，就不能修改了。（　　）

7．对当前文档的分栏最多可分为三栏。（　　）

8．在 PowerPoint 2010 中，可以将演示文稿保存为 Windows Media 视频格式。（　　）

9．使用 Delete 命令删除的图片，可以粘贴回来。（　　）

10．在 Word 中可以使用在最后一行的行末按下 Tab 键的方式在表格末添加一行。（　　）

11．在打开的最近文档中，可以把常用文档进行固定而不被后续文档替换。（　　）

12．在 Word 2010 中，通过"屏幕截图"功能，不但可以插入未最小化到任务栏的可视化窗口图片，还可以通过屏幕剪辑插入屏幕任何部分的图片。（　　）

13．在 Word 2010 中可以插入表格，而且可以对表格进行绘制、擦除、合并和拆分单元格、插入和删除行列等操作。（　　）

14．在 Word 2010 中，表格底纹设置只能设置整个表格底纹，不能对单个单元格进行底纹设置。（　　）

15．在 Word 2010 中，只要插入的表格选取了一种表格样式，就不能更改表格样式和进行表格的修改。（　　）

16. 在 Word 2010 中，不但可以给文本选取各种样式，而且可以更改样式。（　　）

17. 在 Word 中，"行和段落间距"或"段落"提供了单倍、多倍、固定值、多倍行距等行间距选择。（　　）

18. "自定义功能区"和"自定义快速工具栏"中其他工具的添加，可以通过"文件"—"选项"—"Word 选项"进行添加设置。（　　）

19. 在 Word 2010 中，不能创建"书法字帖"文档类型。（　　）

20. 在 Word 2010 中，可以插入"页眉和页脚"，但不能插入"日期和时间"。（　　）

21. 在 Word 2010 中，通过"文件"按钮中的"打印"选项同样可以进行文档的页面设置。（　　）

22. 在 Word 2010 中，插入的艺术字只能选择文本的外观样式，不能进行艺术字颜色、效果等其他的设置。（　　）

23. 在 Word 2010 中，"文档视图"方式和"显示比例"除在"视图"等选项卡中设置外，还可以在状态栏右下角进行快速设置。（　　）

24. 在 Word 2010 中，不但能插入封面、脚注，而且可以制作文档目录。（　　）

25. 在 Word 2010 中，不但能插入内置公式，而且可以插入新公式并可通过"公式工具"功能区进行公式编辑。（　　）

26. 在 Excel 2010 中，可以更改工作表的名称和位置。（　　）

27. 在 Excel 中只能清除单元格中的内容，不能清除单元格中的格式。（　　）

28. 在 Excel 2010 中，使用筛选功能只显示符合设定条件的数据而隐藏其他数据。（　　）

29. Excel 工作表的数量可根据工作需要作适当增加或减少，并可以进行重命名、设置标签颜色等相应的操作。（　　）

30. Excel 2010 可以通过 Excel 选项自定义功能区和自定义快速访问工具栏。（　　）

31. Excel 2010 的"开始—保存并发送"，只能更改文件类型保存，不能将工作簿保存到 Web 或共享发布。（　　）

32. 要将最近使用的工作簿固定到列表，可打开"最近所用文件"，点想固定的工作簿右边对应的按钮即可。（　　）

33. 在 Excel 2010 中，除在"视图"功能可以进行显示比例调整外，还可以在工作簿右下角的状态栏拖动缩放滑块进行快速设置。（　　）

34. 在 Excel 2010 中，只能设置表格的边框，不能设置单元格边框。（　　）

35. 在 Excel 2010 中套用表格格式后可在"表格样式选项"中选取"汇总行"显示出汇总行，但不能在汇总行中进行数据类别的选择和显示。（　　）

36. Excel 2010 中不能进行超链接设置。（　　）

37. Eexcel 2010 中只能用"套用表格格式"设置表格样式，不能设置单个单元格样式。（　　）

38. 在 Excel 2010 中，除可创建空白工作簿外，还可以下载多种 Office.com 中的模板。（　　）

39. 在 Excel 2010 中，只要应用了一种表格格式，就不能对表格格式作更改和清除。（　　）

40. 运用"条件格式"中的"项目选取规划"，可自动显示学生成绩中某列前 10 名内单元格的格式。（　　）

41. 在 Excel 2010 中，后台"保存自动恢复信息的时间间隔"默认为 10 分钟。（　　）

42. 在 Excel 2010 中当我们插入图片、剪贴画、屏幕截图后，功能区选项卡就会出现"图片工具—格式"选项卡，打开图片工具功能区面板做相应的设置。（　　）

43．在 Excel 2010 中设置"页眉和页脚"，只能通过"插入"功能区来插入页眉和页脚，没有其他的操作方法。（　　）

44．在 Excel 2010 中只要运用了套用表格格式，就不能消除表格格式，把表格转为原始的普通表格。（　　）

45．在 Excel 2010 中只能插入和删除行、列，但不能插入和删除单元格。（　　）

46．PowerPoint 2010 可以直接打开 PowerPoint 2003 制作的演示文稿。（　　）

47．PowerPoint 2010 的功能区中的命令不能进行增加和删除。（　　）

48．PowerPoint 2010 的功能区包括快速访问工具栏、选项卡和工具组。（　　）

49．在 PowerPoint 2010 的审阅选项卡中可以进行拼写检查、语言翻译、中文简繁体转换等操作。（　　）

50．在 PowerPoint 2010 中，"动画刷"工具可以快速设置相同动画。（　　）

3.3.5　简答题

1．简述"文件"菜单中的"保存"和"另存为"的含义。

2．简述文档操作中，剪切与复制的区别？

3．在 Word 文档中如何删除大段的文字？如果发现误删除怎么办？

4．简述建立如下表格的操作步骤。

14 级计科专业一班学生成绩单				
姓名	英语	数学	计算机	总分

5．在 Excel 中如何插入公式？

6．在 Excel 中如何用自动填充柄输入序列号？

7．如果需要将 D2 中的公式复制到 D3：D7 的区域中，应该怎样操作？

8．在不同工作簿中如何实现工作表的移动和复制？

9．按下表的销售额（单位：万元）生成以下的图表，写出操作步骤。

（1）各分公司全年销售额的柱形图；

（2）第一季度各分公司销售额的比例图（饼图）。

	第一季度	第二季度	第三季度	第四季度
东部	20.4	27.4	90	20.4
西部	30.6	38.6	34.6	31.6
北部	45.9	46.9	45	43.9
合计	96.9	112.9	169.6	95.9

10．什么是数据清单？它有哪些应用？

11．试制作一个有动画效果的演示文稿。

12．简述叙述幻灯片母版的作用，母版和模板的区别？

3.4　参考答案

3.4.1　单项选择题

1. A	2. B	3. B	4. A	5. C	6. C	7. B	8. B
9. D	10. C	11. A	12. A	13. C	14. A	15. A	16. C
17. B	18. B	19. B	20. B	21. A	22. D	23. C	24. A
25. C	26. A	27. C	28. A	29. D	30. C	31. B	32. C
33. A	34. A	35. A	36. C	37. D	38. D	39. D	40. B
41. B	42. C	43. B	44. A	45. B	46. A	47. B	48. C
49. B	50. D	51. D	52. B	53. C	54. B	55. B	56. D
57. D	58. D	59. D	60. A	61. B	62. B	63. B	64. B
65. C	66. C	67. D	68. B	69. B	70. D	71. D	72. C
73. A	74. C	75. B	76. A	77. C	78. B	79. B	80. D
81. A	82. D	83. C	84. A	85. B	86. B	87. D	88. A
89. B	90. A	91. B					

3.4.2　多项选择题

1. ABC	2. ABC	3. ABCD	4. ABC	5. ABCDEF
6. ABC	7. ABC	8. CD	9. AC	10. AB
11. ABCD	12. ABC	13. ABC	14. ABC	15. ABC
16. ABC	17. ABC	18. ABC	19. BC	20. ABCD

3.4.3　填空题

1. 撤销,下拉	2. 单元格
3. 浮动工具栏	4. 审阅
5. 引用	6. 公式
7. 数据源	8. 工具
9. 导航	10. 新快速样式
11. .xlsx	12. 视图
13. 图表工具	14. 格式
15. 30008	16. 3,Sheet1、Sheet2、Sheet3
17. 开始	18. 动画
19. 视图	20. 审阅
21. 设计	22. 切换
23. 插入	24. 文件
25. 幻灯片放映	

3.4.4 判断题

1. ×	2. ×	3. ×	4. √	5. √	6. ×	7. ×	8. √	9. ×	10. √
11. √	12. √	13. √	14. ×	15. ×	16. √	17. √	18. √	19. ×	20. ×
21. √	22. ×	23. √	24. √	25. √	26. √	27. ×	28. √	29. √	30. √
31. ×	32. √	33. √	34. √	35. √	36. √	37. ×	38. √	39. √	40. √
41. √	42. √	43. √	44. √	45. √	46. √	47. ×	48. √	49. √	50. √

3.4.5 简答题

1．在"文件"菜单里一般都有"保存"和"另存为"两个命令项，它们的作用是不一样的。对于一个原先已经存在、此次又打开处理的文档，"保存"命令是直接把目前处理的结果按照原来的文件路径和名称存到磁盘上；"另存为"命令是把目前处理的结果按照用户新指定的文件路径和名称存到磁盘上，原来磁盘上的那个文件则保持原来的名称和内容。对于一个新创建的文档（还没有存过盘的），这两个命令都按照"另存为"的方式执行，不论执行哪一个命令都出现"另存为"对话框，让用户指定保存的路径和文件名。

2．"复制"命令用于把文档中已经选取的一部分内容复制到剪贴板中去。原文档内容还在。"剪切"命令用于把文档中已经选取的一部分内容移动到剪贴板内，原文档内容不再保留。

3．在 Word 文档中要删除大段的文字方法如下：

（1）在文档中选定要删除的文字；

（2）单击常用工具栏上的"删除"按钮或"编辑"菜单的"清除"命令。

如果发现误操作，想将它取消，只要执行"编辑"菜单的"撤销"命令（"Ctrl+Z"组合键）即可。如果想重复执行刚执行过某项操作，只要执行"编辑"菜单的"重复"命令即可。

4．编辑一张成绩汇总表操作步骤如下：

（1）单击"表格"菜单中的"插入表格"命令，在行数中输入 4，列数中输入 5，创建一个 4×5 的表格；

（2）修改表格，将第 1 行第 1 列，第 1 行第 2 列，第 1 行第 3 列，第 1 行第 4 列，第 1 行第 5 列用合并单元格命令合并成为一个单元格；

（3）在表格中输入文字，即可生成题目要求的表格。

5．输入公式的操作步骤为：单击将要在其中输入公式的单元格；键入=（等号）；如果单击了"编辑公式"按钮或"粘贴函数"按钮，Excel 将插入一个等号；输入公式内容；按 Enter 键。

6．在 Excel 2010 中的单元格中产生自动序号的步骤为：首先在两个连续的单元格中输入有规则的序号；选中这两个单元格；在被选中部分的右下角，使鼠标指针形状变成十字形；最后向下拖曳鼠标指针，自动序号即产生。

7．用 D2 单元格的自动填充柄向 D3:D7 拖动即可。

8．在不同工作簿之间移动和复制工作表的操作步骤为：选中要移动和复制的工作表→选择"编辑"菜单中的"移动或复制工作表"命令，弹出"移动或复制工作表"对话框→在"工作簿"下拉列表框中选择工作簿→选择工作表要移动或复制（需同时选中"建立副本"复选框）的位置→单击"确定"按钮完成。

9．产生柱形图的步骤为：

首先将给定数据输入单元格中；选定数据部分；使用工具栏上的图表向导工具；根据提示图

表类型选择"柱形图"；选择数据区域；在图表选项中设定：图表标题，分类轴，系列轴，数值轴；完成。

实现第一季度各分公司销售额的比例图的步骤如下：

选中"第一季度"这一列；使用工具栏上的图表向导工具；根据提示图表类型选择"饼图"；在图表选项中设定：图表标题，分类轴，系列轴，数值轴；完成。

10. 数据清单是 Excel 2010 对数据库表格的约定称呼。可对数据列表进行数据库管理功能：检索、排序、汇总。

11. 在幻灯片中插入动画 GIF 图片步骤如下。

（1）显示要向其中添加动画 GIF 图片的幻灯片。

（2）请执行下列操作之一：要插入来自"剪辑库"的动画 GIF 图片，请单击"绘图"工具栏上的"插入剪贴画"，然后单击"动画剪辑"选项卡；要插入来自文件的动画 GIF 图片，请将鼠标指针指向"插入"菜单中的"图片"子菜单，然后单击"来自文件"命令。

（3）请执行下列操作之一：如果在步骤（2）中单击了"插入剪贴画"，那么请单击要添加到幻灯片中的动画 GIF 图片，然后在弹出的菜单中单击"插入剪辑"。如果在步骤（2）中单击了"来自文件"（"插入"菜单中的"图片"子菜单），那么请找到要插入的动画 GIF 图片所在的文件夹，然后双击图片。

（4）要预览动画 GIF 图片在幻灯片中的显示情况，单击 PowerPoint 窗口左下角的"幻灯片放映"。

12. 母版用于设置文稿中每张幻灯片的预设格式，这些格式包括每张幻灯片标题及正文文字的位置和大小、项目符号的样式、背景图案等。

母版和模板的区别：母版是对除标题幻灯片以外的所有幻灯片进行预设格式；模板可以快速地为演示文稿选择统一的背景和配色方案，当选择了某一模板后，则整个演示文稿的幻灯片都按照选择的模板进行改变。

第4章
计算机网络基础

4.1 重点与难点

1. 计算机网络的功能、分类及基本组成
2. 网络的体系结构
3. 网络协议
4. 网络传输介质
5. IP 地址
6. 域名系统
7. 常用网络连接设备的功能
8. 文件传输
9. 电子邮件

4.2 重点与难点习题解析

【例题 4-1】计算机网络主要有_____个功能。

【解析】

计算机网络主要具有如下 4 个功能。

1. 资源共享

实现资源共享是计算机网络的主要目的。资源共享是指网络中的所有用户都可以有条件地利用网络中的全部或部分资源，包括硬件资源、软件资源和数据资源。

2. 信息传输与集中处理

信息传输是网络的基本功能之一，分布在不同地区的计算机之间可以传递信息。地理位置分散的生产单位或业务部门可以通过网络将各地收集来的数据进行综合，集中处理。

3. 均衡负荷与分布处理

网络中的多台计算机可互为备用，极大地提高了系统的可靠性。另外，可对一些复杂的问题进行分解，通过网络中的多台计算机进行分布式处理、协同工作。

4. 综合信息服务

可向全社会提供各种经济信息、科技情报和咨询服务。

【正确答案】4

【例题 4-2】计算机网络按照网络覆盖的地理范围不同，可以分为_____。

A. 城域网、远程网和广域网 　　　　　 B. 局域网、城域网和以太网

C. 局域网、城域网和广域网 　　　　　 D. 以上三种都不是

【解析】

由于讨论问题所站的角度不同，对计算机网络类型的划分有着不同的标准。

按网络的覆盖范围，可将网络分为局域网、广域网和城域网。

局域网是一种将有限的地理范围内（如一幢大楼、一个实验室、一个校园等）的计算机或数据终端设备连接成网络，彼此共享资源。局域网的地理范围较小（小于 10km）、结构简单、容易实现，并且具有速度快、延迟小的特点。

广域网也称为远程网，它的地理覆盖范围很大，从几十千米到几千千米，可以覆盖一个地区、一个国家或者更大的范围。

城域网的地理覆盖范围介于局域网和广域网之间，一般为几十千米范围内，主要用于将一个城市、一个地区的企业、机关或学校的局域网连接起来实现一个区域内的资源共享。

【正确答案】C

【例题 4-3】组成计算机网络的最大好处是_____。

A. 进行通话联系 　　　　　 B. 发送电子邮件

C. 资源共享 　　　　　 D. 能使用更多的软件

【解析】

计算机网络是将地理位置不同的，并具有独立功能的多个计算机系统通过通信设备和线路连接起来，在通信协议的控制下，进行信息交换和资源共享或协同工作的计算机系统。因此，组成计算机网络的最大好处就是能够实现资源共享。计算机网络上的资源包括硬件资源、软件资源和数据资源，这些资源都可以供连接在网络上的计算机用户使用。

【正确答案】C

【例题 4-4】计算机网络硬件主要包括主机、通信处理机、终端、_____和传输介质。

【解析】

计算机网络一般由网络硬件和网络软件两部分组成。计算机网络硬件包括主机、通信处理机、终端、网络连接设备和传输介质等。网络连接设备主要负责控制数据的接收、发送和转发；常用的网络连接设备有：网卡、调制解调器、集线器、中继器、交换机、网桥、路由器和网关等。

【正确答案】网络连接设备

【例题 4-5】WWW 的中文名称为_____。

A. 电子数据交换 　　　　　 B. 万维网

C. 国际互联网 　　　　　 D. 综合服务数据网

【解析】

WWW 英文全称是 World Wide Web，译为万维网，也叫环球信息网。它是一种基于超文本技术的信息浏览检索工具，是当前 Internet 上最受欢迎、最为流行的信息检索服务系统。

【正确答案】B

【例题 4-6】决定网络使用性能的关键是_____。

A. 网络的传输介质 　　　　　 B. 网络的拓扑结构

C. 网络操作系统 　　　　　 D. 网络硬件

【解析】

建网的基础是网络硬件，但决定网络的使用方法和使用性能的关键还是网络操作系统。网络操作系统负责管理网上的所有硬件和软件资源，使它们能协调一致地工作。

【正确答案】C

【例题 4-7】局域网的英文缩写是_____。

A．LAN　　　　　B．WAN　　　　　C．ISDN　　　　　D．MAN

【解析】

局域网（Local Area Network）的英文缩写是 LAN。

【正确答案】A

【例题 4-8】传输速率的单位是_____。

A．赫兹/秒　　　　B．位/秒　　　　C．米/秒　　　　D．帧/秒

【解析】

带宽与数据传输速率是通信系统的两个重要的技术指标。

在模拟信道中，以带宽表示信道传输信息的能力。它用传输信息信号的高频率与低频率之差表示，以 Hz、kHz、MHz 或者 GHz 为单位。

在数字信道中，用数据传输速率表示信道的传输能力，即每秒传输的二进制位数，单位为 bit/s、Kbit/s、Mbit/s 或 Gbit/s。

【正确答案】B

【例题 4-9】在计算机局域网中，以文件数据共享为目标，需要将供多台计算机共享的文件存放于一台被称为_____的计算机中。

A．路由器　　　　B．网桥　　　　C．网关　　　　D．文件服务器

【解析】

在局域网中，路由器是互联网络执行路由选择的专用设备；网桥在不同或相同的 LAN 之间存储并转帧，必要时进行链路层上的协议转换；网关在不同的网络间存储并转发分组，必要时进行网络层上的协议转换；而文件服务器的功能正如题中所描述的那样。

【正确答案】D

【例题 4-10】电子邮件地址的一般格式为_____。

A．IP 地址@域名　　　　　　　　B．用户名@域名

C．域名@IP 地址　　　　　　　　D．域名@用户名

【解析】

电子邮件（Electronic Mail，E-mail），又称电子信箱，它是一种用电子手段提供信息交换的通信方式，是 Internet 应用最广的服务。电子邮件采用存储转发方式传递，根据电子邮件地址，由网络上多个主机合作实现存储转发，从发信源结点出发，经过路径上若干个网络结点的存储和转发，最终使电子邮件传递到目的信箱。

一般而言邮件地址的格式为：用户名@电子邮件服务器。

"用户名"代表用户信箱的账号，对于同一个邮件接收服务器来说，这个账号必须是唯一的；"@"是分隔符；"电子邮件服务器"是用户信箱的邮件接收服务器域名，用以标志其所在的位置。

【正确答案】B

【例题 4-11】URL 的含义是_____。

A．信息资源在网上的业务类型和如何访问的统一的描述方法

B. 信息资源的网络地址的统一的描述方法

C. 信息资源在网上的位置及如何定位寻找的统一的描述方法

D. 信息资源在网上的位置和如何访问的统一描述方法

【解析】

WWW 使用统一资源定位器（Uniform Resource Locater，URL）来确定各种信息资源位置，URL 又称为"网址"。URL 由两部分组成，前一部分指出访问方式，后一部分指明某一项信息资源所在的位置，由冒号和双斜线"://"隔开。URL 的格式为：协议名称://主机地址［:端口号］/路径/文件名。

【正确答案】D

【例题 4-12】下列各网络中，属于局域网的是_____。

A. Internet   B. CERNET   C. NCFC   D. Novell

【解析】

局域网中开发性能最好、影响最大和市场占有率最高的是 Novell 网。CERNET 是中国教育与科研计算机网、NCFC 是中国国家计算机与网络设施网，它们属于中国 Internet 的骨干网。

【正确答案】D

【例题 4-13】计算机网络中使用的 Modem 的功能是_____。

A. 实现数字信号的编码

B. 只把模拟信号转换为数字信号

C. 实现模拟信号和数字信号之间的相互转换

D. 只把数字信号转换为模拟信号

【解析】

MODEM 是采用拨号上网方式所必需的计算机硬件设备，它连接用户的计算机和电话机，在计算机与外界通信的过程中，起信号变换的作用。计算机向电话线传送信息时，Modem 将数字信号转换成模拟信号，计算机从电话线接收信息时，Modem 将模拟数字信号转换成数字信号。

【正确答案】C

【例题 4-14】下列传输介质中，带宽最大的是_____。

A. 双绞线   B. 同轴电缆   C. 光缆   D. 无线

【解析】

传输介质是通信网络中发送方和接收方之间传送信息的物理通道。常用的传输介质包括双绞线、同轴电缆、光纤等有线传输介质和红外线、激光、微波、无线电波等无线传输介质。其中，光缆不受外界电磁场的影响，几乎具有无限制的带宽，可以实现每秒几十兆位的传送，尺寸小，重量轻，数据可以传送几百千米，是一种十分理想的传输介质。

【正确答案】C

【例题 4-15】网卡的主要功能不包括_____。

A. 网络互连   B. 将计算机连接到通信介质上

C. 实现数据传输   D. 进行电信号匹配

【解析】

网卡是网络接口卡，也称网络适配器。网卡中有部分被固化了的协议，有总线接口电路、有站地址等。网卡是将服务器、工作站连接到通信介质上并进行电信号的匹配，实现数据传输的部件。作为网络的基本硬件设备，每台入网的计算机的机箱内至少要装一块网卡，计算机通过网卡上的电缆接头接入网络的电缆系统。为此网卡的主要功能不包括网络互连。

【正确答案】A

【例题 4-16】属于集中控制方式的网络拓扑结构是_____。

A. 星形结构　　　B. 环形结构　　　C. 总线结构　　　D. 树形结构

【解析】

网络的拓扑结构描述网络中各个结点之间的连接方式。网络的基本拓扑结构有总线型结构、环形结构、星形结构、树形结构、网状结构 5 种。

星形结构是最早通用网络拓扑结构形式。在这种结构中，每个工作站都通过连接线与主控机相连，相邻工作站之间的通信也都通过主控机进行，它是一种集中控制方式。

【正确答案】A

【例题 4-17】在下列网络结构中，共享资源能力最差的是_____。

A. 网状结构　　　B. 星形结构　　　C. 总线结构　　　D. 树形结构

【解析】

网络的基本拓扑结构有总线型结构、环形结构、星形结构、树形结构、网状结构 5 种。其中，树形结构是一种分层次的宝塔形结构，控制线路简单，管理也易于实现，它是一种集中分层的管理形式，但各工作站之间很少有信息流通，共享资源的能力较差。

【正确答案】D

【例题 4-18】个人计算机申请了账号并采用 PPP 拨号方式接入 Internet 后，该机_____。

A. 可以有多个 IP 地址　　　　　B. 拥有固定的 IP 地址

C. 拥有独立的 IP 地址　　　　　D. 没有自己的 IP 地址

【解析】

个人电脑一旦申请了账号并以 PPP 方式拨号入网后，该机便有了独立的 IP 地址。该机和 Internet 上其他任何计算机地位相同。但由于网络服务商拥有的 IP 地址有限，不可能为每个用户分配一个固定的 IP 地址，而是采用动态分配的方法。

当用户上网时，系统根据当时 IP 地址空闲情况随机分配一个空闲的 IP 地址给该用户暂时使用，如果此时没有空闲的 IP 地址，用户就必须等待。用户下网后，占用的 IP 地址也会自动释放，以供其他用户上网使用。这种动态分配 IP 地址的方式，一是可以充分利用 IP 地址资源，二是降低每个用户的入网费用。

【正确答案】C

【例题 4-19】为了保证全网的正确通信，Internet 为连网的每个网络和每台主机都分配了唯一的地址，该地址由纯数字并用小数点分隔，将它称为_____。

A. TCP 地址　　　　　　　　　B. IP 地址

C. WWW 服务器地址　　　　　D. WWW 客户机地址

【解析】

只有 IP 地址才是由纯数字并用 3 个圆点分隔的，它可用来供各个路由器选择传输的路径。而 WWW 的域名地址是用字母或词表示的，因此本题的答案不是 C 和 D。另外，根本没有 TCP 地址一说，故 A 也不对，所以只有答案 B 才是正确的。

【正确答案】B

【例题 4-20】表征数据传输可靠性的指标是_____。

A. 误码率　　　B. 频带利用率　　　C. 传输速率　　　D. 信道容量

【解析】

计算机通信的质量有两个最主要的指标，一是数据传输速率，二是误码率。数据在传输过程中会发生衰减和失真，当失真和干扰严重时就会出现差错，即产生了误码。数据传输的可靠性指的是误码率。

【正确答案】 A

【例题 4-21】 Internet 的通信协议是_____。

A．X.25　　　B．CSMA/CD　　　　C．TCP/IP　　　　D．CSMA

【解析】

Internet 是一个全球性的网络，它包含了许多不同种类的计算机。网络上的这些计算机必须遵守一些事先约定好的规则（协议）。Internet 上使用的通信协议是 TCP/IP。传输控制协议（Transmission Control Protocol，TCP）规定了一种可靠的数据传递服务，提供应用程序所需要的其他功能；网际协议（Internet Protocol，IP）是支持网间互连的数据报协议，提供基本的通信，其作用是保证数据从发送端通过网络送达到接收端。TCP/IP 是 Internet 上计算机之间进行通信使用的共同语言，任何要连接到 Internet 上进行通信的计算机必须使用 TCP/IP。X.25 是广域网中的分组交换网采用的协议，CSMA/CD 是局域网中的以太网采用的协议，CSMA 则是早期使用过的协议。

【正确答案】 C

【例题 4-22】 TCP/IP 中的 TCP 相当于 OSI 中的_____。

A．应用层　　　B．网络层　　　C．物理层　　　　D．传输层

【解析】

TCP/IP 在网络体系结构上不同于 OSI 参考模型，相当于 OSI 中的传输层，规定一种可靠的数据信息流传递服务，网上两个结点间采用全双工通信，允许机器高效地交换大量数据。

【正确答案】 D

【例题 4-23】 以太网的拓扑结构大多采用_____。

【解析】

以太网的拓扑结构大多采用总线型。由于总线型结构具有使用的电缆较少、电缆连接简单、易于安装、增加和撤销网络设备灵活方便、成本低等特点，才使它普遍流行起来，至今仍在不断向前发展。但由于网上所有结点都共享这条电缆，在高流量时传输电缆会成为网络的瓶颈，而且电缆的任何故障都可能导致整个网络的瘫痪。

【正确答案】 总线型

【例题 4-24】 综合服务数据网络是指_____。

A．用户可以在自己的计算机上把电子邮件发送到世界各地

B．在计算机网络中的各计算机之间传送数据

C．将各种办公设备纳入计算机网络中，提供各种信息的传输

D．让网络中的各用户可以共享分散在各地的各种软、硬件资源

【解析】

计算机网络可向全社会提供各种经济信息、科技情报和咨询服务。综合业务数字网（ISDN）将电话、传真机、电视机和复印机等办公设备纳入计算机网络中，提供文字、数字、图形、图像、语音等信息，实现电子邮件、电子数据交换、电子公告、电子会议、IP 电话的传真等业务。

【正确答案】 C

【例题 4-25】Internet 的域名和 IP 地址之间的关系是_____。

【解析】

由于数字形式的 IP 地址不便于用户记忆和使用，另外，从 IP 地址上看不出其拥有者的组织名称或性质，同时也不能根据公司或组织的名称或类型来猜测其 IP 地址，因此 Internet 上引入了域名系统（Domain Name System，DNS）。域名是一种基于标识符号的名字管理机制，可以把它理解为 IP 地址的助记符号。Internet 上的主机不仅要申请一个 IP 地址，还要为其注册一个域名，和 IP 地址一样，域名在全世界范围内也应是唯一的。因此，Internet 主机的 IP 地址与域名有唯一对应的关系。人们既可以用 IP 地址，也可以用域名标识一台 Internet 主机。通常人们在访问网络资源时，习惯于使用域名，而计算机和路由器却只能识别 IP 地址，所以当人们使用域名来进行相互访问时，DNS 自动将域名翻译成相应的 IP 地址。

【正确答案】唯一对应

4.3 习 题

4.3.1 选择题

在下列各题 A、B、C、D 四个选项中选择一个正确的答案。

1. 与广域网相比，局域网不具备的特点是（　　）。

A. 较大的地理范围　　　　　B. 较高的数据传输速率

C. 较低的误码率　　　　　　D. 机器间最远距离在几千米内

2. 传输速率的单位是（　　）。

A. 帧/秒　　　　B. 文件/秒　　　　　C. 位/秒　　　　D. 米/秒

3. 就计算机网络分类而言，下列说法中规范的是（　　）。

A. 网络可分为光缆网、无线网、局域网

B. 网络可分为公用网、专用网、远程网

C. 网络可分为数字网、模拟网、通用网

D. 网络可分为局域网、远程网、城域网

4. 下列各项中，不能作为 IP 地址的是（　　）。

A. 202.96.0.1　　　B. 202.110.7.12　　　C. 112.256.23.8　　D. 159.226.1.18

5. WWW 是（　　）。

A. 局域网的简称　　　　　　B. 广域网的简称

C. 万维网的简称　　　　　　D. Internet 的简称

6. 计算机网络的目标是实现（　　）。

A. 数据处理　　　　　　　　B. 信息传输与数据处理

C. 文献查询　　　　　　　　D. 资源共享与信息传输

7. 目前世界上最大的计算机互联网是（　　）。

A. ARPA 网　　　　B. IBM 网　　　　　C. Internet　　　D. Intranet

8. 所谓互联网是指（　　）。

A. 大型主机与远程终端相互连接起来

B. 若干台大型主机相互连接起来

C. 同种类型的网络及其产品相互连接起来

D. 同种或异种类型的网络及其产品相互连接起来

9. 计算机网络最突出的优点是（　　）。

A. 存储容量大　　　B. 资源共享　　　　　C. 运算速度快　　　D. 运算精度高

10. 信息高速公路的基本特征是（　　）、交互和广域。

A. 方便　　　　　　B. 灵活　　　　　　　C. 直观　　　　　　D. 高速

11. Novell NetWare 是（　　）软件。

A. CAD　　　　　　B. 网络操作系统　　　C. 应用系统　　　　D. 数据库管理系统

12. Novell 网采用的网络操作系统是（　　）。

A. DOS　　　　　　B. Windows　　　　　　C. Windows NT　　　D. NetWare

13. 局域网的网络软件主要包括（　　）。

A. 网络操作系统、网络数据库管理系统和网络应用软件

B. 服务器操作系统、网络数据库管理系统和网络应用软件

C. 工作站软件和网络应用软件

D. 网络传输协议和网络数据库管理系统

14. 为网络提供共享资源并对这些资源进行管理的计算机称之为（　　）。

A. 网卡　　　　B. 服务器　　　　C. 工作站　　　　D. 网桥

15. 在计算机网络中，TIP/IP 是一组（　　）。

A. 支持同种类型的计算机（网络）互连的通信协议

B. 支持异种类型的计算机（网络）互连的通信协议

C. 局域网技术

D. 广域网技术

16. 国际标准化组织制定的 OSI 模型的最低层是（　　）。

A. 数据链路层　　　　　　　　　B. 逻辑链路

C. 物理层　　　　　　　　　　　D. 介质访问控制方法

17. 令牌环网的拓扑结构是（　　）。

A. 环形　　　　　　B. 星形　　　　　　　C. 总线型　　　　　D. 树形

18. 在计算机网络中，LAN 指的是（　　）。

A. 广域网　　　　　B. 城域网　　　　　　C. 以太网　　　　　D. 局域网

19. 局域网常用的网络拓扑结构是（　　）。

A. 星型和环形　　　　　　　　　B. 总线型、星型和树形

C. 总线型和树形　　　　　　　　D. 总线型、星型和环形

20. 计算机通信就是将一台计算机产生的数字信息通过（　　）传送给另一台计算机。

A. 数字信道　　　B. 通信信道　　　C. 模拟信道　　　　D. 传送信道

21. 在计算机通信中，传输的是信号，把直接由计算机产生的数字信号进行传输的方式称为
（　　）。

A. 基带传输　　　B. 宽带传输　　　C. 调制　　　　　　D. 解调

22. 将普通微型计算机连入网络中时，至少要在该微型计算机内增加一块（　　）。

A. 网卡　　　　　B. 通信接口板　　　C. 驱动卡　　　　　D. 网络服务板

23. 网络服务器和一般微型计算机的一个重要区别是（　　　）。

A. 计算速度快　　B. 体积大　　　　C. 硬盘容量大　　　D. 外设丰富

24. 常用的通信有线介质包括双绞线、同轴电缆和（　　　）。

A. 微波　　　　　B. 线外线　　　　C. 光缆　　　　　D. 激光

25. 下列叙述中，错误的是（　　　）。

A. 发送电子邮件时，一次发送操作只能发送给一个接收者

B. 收发电子邮件时，接收方无需了解对方的电子邮件地址就能发回邮件

C. 向对方发送电子邮件时，并不要求对方一定处于开机状态

D. 使用电子邮件的首要条件是必须拥有一个电子信箱

26. 下列关于电子邮件的特点的叙述正确的是（　　　）。

A. 采用存储—转发方式在网络上逐步传递信息，不像电话那样直接、即时，但费用较低

B. 在通信双方的计算机都开机工作的情况下方可快速传递数字信息

C. 比邮政信函、电报、电话、传真都快

D. 只要在通信双方的计算机之间建立起直接的通信线路，便可快速传递数字信息

27. 下列叙述中，不正确的是（　　　）。

A. NetWare 是一种客户机/服务器类型的网络操作系统

B. 互联网的主要硬件设备有中继器、网桥、网关和路由器

C. 个人电脑，一旦申请了账号并采用 PPP 拨号方式接入 Internet 后，该机就拥有固定的 IP 地址

D. 目前我国广域网的通信手段大多是采用电信部门的公共数字通信网，普遍使用的传输速率一般在 10 ~ 100Mbit/s

28. 一个用户若想使用电子邮件功能，应当（　　　）。

A. 通过电话得到一个电子邮局的服务支持

B. 使自己的计算机通过网络得到网上一个 E-mail 服务器的服务支持

C. 把自己的计算机通过网络与附近的一个邮局连起来

D. 向附近的一个邮局申请，办理建立一个自己专用的信箱

29. 分组交换比电路交换（　　　）。

A. 实时性好线路利用率高　　　　　　B. 实时性好但线路利用率低

C. 实时性差而线路利用率高　　　　　D. 实时性和线路利用率均差

30. 以太网 10BASET 代表的含义是（　　　）。

A. 10Mbit/s 基带传输的粗缆以太网　　B. 10Mbit/s 基带传输的双绞线以太网

C. 10Mbit/s 基带传输的细缆以太网　　D. 10Mbit/s 宽带传输的双绞线以太网

31. 在 Internet 中，电子公告牌的缩写是（　　　）。

A. WWW　　　　　B. FTP　　　　　C. BBS　　　　　D. E-mail

32. 进行网络互连，当总线网的网段已超过最大距离时，可用（　　　）来延伸。

A. 路由器　　　　B. 中继器　　　　C. 网桥　　　　　D. 网关

33. Internet 上，访问 Web 信息时用的工具是浏览器。下列（　　　）就是目前常用的 Web 浏览器之一。

A. Internet Explorer　　　　　　　　B. Outlook Express

C. Yahoo　　　　　　　　　　　　　D. FrontPage

34. 与 Web 站点和 Web 页面密切相关的一个概念称"统一资源定位器"，它的英文缩写是（　　）。

A．UPS　　　　　　B．USB　　　　　　C．ULR　　　　　　D．URL

35. 域名是 Internet 服务提供商（ISP）的计算机名，域名中的后缀.gov 表示机构所属类型为（　　）。

A．军事机构　　　B．政府机构　　　C．教育机构　　　D．商业公司

36. 关于电子邮件，下列说法中错误的是（　　）。

A．发送电子邮件需要 E-mail 软件支持　　　B．发件人必须有自己的 E-mail 账号

C．收件人必须有自己的邮政编码　　　　　D．必须知道收件人的 E-mail 地址

37. 关于"链接"，下列说法中正确的是（　　）。

A．链接指将约定的设备用线路连通　　　B．链接将指定的文件与当前文件合并

C．点击链接就会转向链接指向的地方　　　D．链接为发送电子邮件做好准备

38. 下列各项中，不能作为域名的是（　　）。

A．www.aaa.edu.cn　　　　　　　　　　B．ftp.buaa.edu.cn

C．www.bit.edu.cn　　　　　　　　　　D．www.lnu.edu.cn

39. 电子邮件是 Internet 应用最广泛的服务项目，通常采用的传输协议是（　　）。

A．SMTP　　　　　B．TCP/IP　　　　　C．CSMA/CD　　　D．IPX/SPX

40. 在下列四项中，不属于 OSI（开放系统互连）参考模型七个层次的是（　　）。

A．会话层　　　　B．数据链路层　　　C．用户层　　　　D．应用层

41. TCP 协议称为（　　）。

A．网际协议　　　　　　　　　　　　　B．传输控制协议

C．Nerwork 内部协议　　　　　　　　　D．中转控制协议

42. TCP 协议的主要功能是（　　）。

A．进行数据分组　　　　　　　　　　　B．保证可靠的数据传输

C．确定数据传输路径　　　　　　　　　D．提高传输速度

43. 使用匿名 FTP 的正确含义是（　　）。

A．免费文件下载　　　　　　　　　　　B．不需要文字

C．用化名　　　　　　　　　　　　　　D．非法使用文件

44. 互连网络上的服务都是基于一种协议的，WWW 服务基于（　　）协议。

A．SNMP　　　　　B．SMIP　　　　　　C．HTTP　　　　　D．TELNET

45. 如果计算机没有打开，电子邮件将（　　）。

A．退回给发信人　　　　　　　　　　　B．保存在 ISP 服务器

C．对方等一会再发　　　　　　　　　　D．发生丢失永远也收不到

46. 主机域名 www.xjnzy.edu.cn 由四个子域组成，其中（　　）表示最低层域。

A．www　　　　　B．edu　　　　　　　C．xjnzy　　　　　D．cn

47. 电子邮件与传统的邮件相比最大的特点是（　　）。

A．速度快　　　　B．价格低　　　　　C．距离远　　　　D．传输量大

48. 调制解调器的作用是（　　）。

A．防止计算机病毒进入计算机中　　　　B．数字信号和模拟信号的转换

C．把声音送进计算机　　　　　　　　　D．把声音传出计算机

49. HTML 的正式名称为（　　　）。

A. 脚本语言　　　　　　　　　　　　　　B. 超文本标识语言

C. WWW　　　　　　　　　　　　　　　 D. Internet 编程应用语言

50. 主机的 IP 地址和主机域名之间的关系是（　　　）。

A. 两者是一样的　　　　　　　　　　　　B. 一一对应

C. 一个 IP 地址对应多个域名　　　　　　 D. 一个域名对应多个 IP 地址

51. 为了连入 Internet，以下哪项是不必要的（　　　）。

A. 一条电话线　　　　　　　　　　　　　B. 一个调制解调器

C. 一个 Internet 账号　　　　　　　　　　D. 一个打印机

52. 电子邮件地址中账号名与域名之间的连接符号是（　　　）。

A. &　　　　　　 B. $　　　　　　　　 C. @　　　　　　　　 D. #

53. 用户在 IE 浏览器窗口中快速访问自己喜欢的 Web 页，可以（　　　）。

A. 单击工具栏上的"收藏"按钮　　　　　B. 单击工具栏上的"搜索"按钮

C. 单击工具栏上的"历史"按钮　　　　　D. 单击工具栏上的"主页"按钮

54. 用户在 IE 浏览器窗口中快速找到自己有用的信息，可以（　　　）。

A. 单击工具栏上的"收藏"按钮　　　　　B. 单击工具栏上的"搜索"按钮

C. 单击工具栏上的"历史"按钮　　　　　D. 单击工具栏上的"主页"按钮

55. 计算机网络技术包含的两个主要技术是计算机和（　　　）。

A. 微电子技术　　　 B. 通信技术　　　 C. 数据处理技术　　　 D. 自动化技术

56. 将若干个网络连接起来，形成一个大的网络，以便实现数据传输和资源共享，称为（　　　）。

A. 网络互联　　　 B. 网络组合　　　 C. Internet　　　 D. 网络集合

57. 建立一个计算机网络需要有网络设备和（　　　）。

A. 体系结构　　　 B. 资源子网　　　 C. 网络操作系统　　　 D. 传输介质

58. 在数据通信过程中，将模拟信号还原成数字信号的过程称为（　　　）。

A. 调制　　　 B. 解调　　　 C. 流量控制　　　 D. 差错控制

59. 以下各项不属于服务器提供的共享资源是（　　　）。

A. 硬件　　　 B. 软件　　　 C. 数据　　　 D. 传真

60. 以下（　　　）不是计算机常采用的基本拓扑结构。

A. 星形结构　　　 B. 分布式结构　　　 C. 总线结构　　　 D. 环形结构

61. 网络操作系统种类较多，下面（　　　）不能被认为是网络操作系统。

A. NetWare　　　 B. DOS　　　 C. UNIX　　　 D. Windows NT

62. "ISO"和"OSI"的区别是（　　　）。

A. 它们没有区别，只是笔误

B. "ISO"是"国际标准化组织"的简称，"OSI"是"开放系统互联"的简称

C. "OSI"是"国际标准化组织"的简称，"ISO"是"开放系统互联"的简称

D. 以上说法都不对

63. OSI 参考模型的基本结构分为（　　　）。

A. 6 层　　　　　 B. 5 层　　　　　 C. 7 层　　　　　 D. 4 层

64. OSI 参考模型的最高层是（　　　）。

A. 表示层　　　 B. 网络层　　　 C. 应用层　　　 D. 会话层

65. 在 TCP/IP 参考模型中，与 OSI 参考模型中的传输层对应的是（　　　　）。

A. 网络层　　　　B. 应用层　　　　C. 传输层　　　　D. 互联层

66. 网络适配器通常称为（　　　　）。

A. 网卡　　　　B. 集线器　　　　C. 路由器　　　　D. 服务器

67. 网络中使用的互连设备 Hub 称为（　　　　）。

A. 集线器　　　　B. 路由器　　　　C. 服务器　　　　D. 网关

68. 计算机网络使用的通信介质包括（　　　　）。

A. 电缆、光纤和双绞线　　　　　　B. 有线介质和无线介质

C. 光纤和微波　　　　　　　　　　D. 卫星和电缆

69. 在以下四种通信介质中，传输效果最好的是（　　　　）。

A. 双绞线　　　　B. 同轴电缆　　　　C. 光纤电缆　　　　D. 电话线路

70. 在 Internet 中，一个域名的最后一部分是（　　　　）。

A. 单位域名　　　　B. 组织域名　　　　C. 设备域名　　　　D. 地理域名

4.3.2　填空题

1. 计算机网络是＿＿＿＿＿＿＿技术与计算机技术的结合。

2. 通过网络互连设备将各种广域网和＿＿＿＿＿＿互连起来，就形成了全球范围的 Internet。

3. 建立计算机网络的基本目的是实现数据通信和＿＿＿＿＿＿＿。

4. 计算机网络主要有＿＿＿＿＿＿＿、信息传输与集中处理、均衡负荷与分布处理以及综合信息服务等功能。

5. 网络软件主要指＿＿＿＿＿＿＿、网络通信协议和网络应用软件。

6. 在计算机网络中，所谓的共享资源主要是指硬件、软件和＿＿＿＿＿＿资源。

7. 计算机网络是由负责信息处理并向全网提供可用资源的＿＿＿＿＿＿＿子网和负责信息传输的＿＿＿＿＿＿＿子网组成。

8. 国际标准化组织（ISO）的网络参考模式有＿＿＿＿＿＿＿＿＿＿＿＿＿层协议。

9. 当前的网络系统，由于网络覆盖面积、技术条件和工作环境不同，通常分为广域网、＿＿＿＿＿＿＿和城域网 3 种。

10. 在局域网中，为网络提供共享资源并对这些资源进行管理的计算机称为＿＿＿＿＿＿＿。

11. 局域网的传输介质（媒体）主要是双绞线、＿＿＿＿＿＿＿＿＿＿＿和光纤。

12. 支持 Internet 扩展服务的协议是＿＿＿＿＿＿＿＿＿＿＿。

13. Internet 最初创建的目的是用于＿＿＿＿＿＿＿＿＿＿。

14. E-mail 地址的通用格式是＿＿＿＿＿＿＿＿＿＿＿＿。

15. 网卡是组成局域网的＿＿＿＿＿＿＿部件。将其插在微型计算机的扩展槽上，实现与主机总线的通信连接，解释并执行主机的控制命令，并实现物理层和数据链路层的功能。

16. 网络＿＿＿＿＿＿＿决定了网络的传输速率、网络段的最大长度、传输的可靠性及网卡的复杂性。

17. 常用的通信介质主要有有线介质和＿＿＿＿＿＿＿两大类。

18. 在计算机网络中，实现数字信号和模拟信号之间转换的设备是＿＿＿＿＿＿＿＿＿＿＿。

19. 与 Internet 相连的每台计算机都必须指定一个＿＿＿＿＿＿＿＿＿＿＿＿的地址，称为 IP 地址。

20. 以字符特征名为代表的 IP 地址（又称 IP 名字地址）中包括计算机名、机构名、＿＿＿＿＿＿＿和

国家名 4 部分。

21．Internet 提供的主要服务有_____、文件传输（FTP）、远程登录（Telnet）、超文本查询（WWW）等。

22．个人电脑接入 Internet 的主要方式是采用_____接入方式。

23．为了利用邮电系统公用电话网的线路来传输计算机数字信号，必须配置_____。

24．用户要想在网上查询 WWW 信息，必须安装并运行一个被称为_____的软件。

25．_____是 Internet 服务中使用频率最高的工具。

26．Internet 的域名和 IP 地址之间的关系是_____。

27．在 Internet 中，WWW 的含义是_____。

28．Internet 通过_____将各个网络互连起来。

29．调制解调器（Modem）是一种通过_____实现计算机通信的设备。

30．局域网主要具有覆盖范围小、_____和数据错误率低 3 个特点。

31．决定网络使用性能的关键是_____。

32．局域网的拓扑结构符合 IEEE 标准。总线结构和星形结构符合的标准是_____。

33．拨号上网除计算机外，还需要电话线、账号和_____。

34．我国于 1993 年开始实施的三金工程是_____、_____、_____。

35．WWW 服务是以_____协议为基础。

36．WWW 上每一个网页都有一个独立的地址，这些地址称为_____。

37．在 Internet 上，可唯一标识一台主机的是_____或_____。

38．计算机网络中，目前使用的抗干扰能力最强的传输介质是_____。

39．调制解调器的英文名称是_____。

40．网络操作系统主要安装在_____上。

4.3.3 简答题

1．简述网络的定义、分类及功能。

2．网络的拓扑结构主要有哪几种，各有什么特点？

3．简述 ISO/OSI 参考模型的结构和各层的主要特点。

4．简述 TCP/IP 参考模型的结构和各层的主要特点。

5．简述局域网中常用的传输访问控制方式及其特点。

6．简述 Internet 的功能。

7．Internet 的地址分为哪两种并如何表示？

8．简述在 Internet 上搜索信息的方法。

9．什么是电子邮件、E-mail 地址和 E-mail 账号？申请一个免费 E-mail 账号并给老师和朋友发一封 E-mail。

10．什么是 FTP？

11．什么是 BBS？

4.4 参 考 答 案

4.4.1 选择题

1. A	2. C	3. D	4. C	5. C	6. D	7. C	8. D
9. B	10. D	11. B	12. D	13. A	14. B	15. B	16. C
17. A	18. D	19. D	20. B	21. A	22. A	23. C	24. C
25. A	26. A	27. C	28. B	29. C	30. A	31. C	32. B
33. A	34. D	35. B	36. C	37. C	38. C	39. A	40. C
41. B	42. B	43. A	44. C	45. B	46. C	47. C	48. B
49. B	50. A	51. D	52. C	53. A	54. B	55. B	56. A
57. C	58. B	59. D	60. B	61. B	62. B	63. C	64. C
65. C	66. A	67. A	68. B	69. C	70. D		

4.4.2 填空题

1. 通信
2. 局域网
3. 资源共享
4. 资源共享
5. 网络操作系统
6. 数据
7. 资源、通信
8. 7
9. 局域网
10. 服务器
11. 同轴电缆
12. TCP/IP
13. 军事
14. 用户名@主机域名
15. 接口
16. 通信介质
17. 无线介质
18. 调制解调器
19. 唯一
20. 网络分类名
21. 电子邮件 E-mail
22. PPP 拨号
23. 调制解调器
24. 浏览器
25. 电子邮件（E-mail）
26. 唯一对应
27. 环球信息网
28. 路由器
29. 电话线
30. 数据传输率高
31. 网络操作系统
32. IEEE 802.3
33. 调制解调器
34. 金桥工程、金关工程、金卡工程
35. HTTP
36. 统一资源定位器（URL）
37. IP 地址、域名
38. 光纤
39. Modem
40. 服务器

4.4.3 简答题

1.（1）计算机网络的定义是：将地理位置不同的，并具有独立功能的多个计算机系统通过通信设备和线路连接起来，在通信协议的控制下，进行信息交换和资源共享或协同工作的计算机系统。

（2）计算机网络的分类：计算机网络从不同的角度有不同的分类方法。按网络的覆盖范围，可将网络分为局域网、广域网和城域网。按网络的用途，可将其分为公用网和专用网。按网络的传输介质的不同，可将其分为有线网和无线网。

（3）计算机网络的功能：①资源共享；②信息传输与集中处理；③均衡负荷与分布处理；④综合信息服务。

2．网络中各个结点的物理连接方式称为网络的拓扑结构。常用的拓扑结构主要有星形结构、总线型结构和环形结构等。

星形结构是由中央结点和分别与它单独连接的其他结点组成。总线型结构采用一条公共总线作为传输介质，所有的节点都通过相应的硬件接口直接连接到总线上。总线的长度可以使用中继器来延长。环形结构也称为分散型结构。它的每个结点仅有两个邻接结点。这种网络结构中的数据总是按一个方向逐个结点沿环传递，即一个结点接收上一结点传来的数据，由它再发给下一结点。

3．OSI 体系结构定义了一个 7 层模型，从下到上分别为物理层、数据链路层、网络层、传输层（也称运输层）、会话层、表示层和应用层。各层的主要功能如下。

物理层的主要功能是利用物理传输介质为数据链路层提供物理连接，以便透明地传输比特流。

数据链路层的作用是将物理层的位组成称作"帧"的信息逻辑单位，进行错误检测，控制数据流，识别网上每台计算机。

网络层处理网间的通信，其基本目的是将数据移到一个特定的网络位置。网络层选择通过网际网的一个特定的路由，而避免将数据发送给无关的网络，并负责确保正确数据经过路由选择发送到由不同网络组成的网际网。

传输层的基本作用是为上层处理过程掩盖计算机网络下层结构的细节，提供通用的通信规则。传输层主要解决的问题是地址/名转换、寻址方法、段处理、连接服务等。

会话层实现服务请求者和提供者之间的通信。会话层主要解决的问题是对话控制、会话管理。

表示层主要解决的问题是翻译和加密。

应用层提供了完成指定网络服务功能所需的协议。应用层主要解决的问题是网络服务、服务通告、服务使用。

4．TCP/IP 共分为 4 层，即网络接口层、网际层、传输层和应用层。① 网络接口层的功能是传输经网络层处理过的消息；② 网际层的功能是将传输层送来的消息组装成 IP 数据包，并把 IP 数据包传递给网络接口层。③ 传输层的功能是为应用程序提供端到端通信功能。④ 应用层的功能是为用户提供所需要的各种服务。

5．目前局域网中常用的传输介质访问控制方式有：

冲突检测的载波监听多路访问（CSMA/CD），这种方式适用于总线型网络拓扑结构；

令牌环（Token Ring），这种技术适用于环形网络拓扑结构；

令牌总线（Token Bus），这种技术物理上是总线结构，但逻辑上是令牌环；

分布式光纤数据接口（FDDI），这种技术是一个双环拓扑结构。

6．Internet 的功能主要有：① 浏览网页 WWW；② 信息搜索；③ 电子邮件；④ 文件传送 FTP；⑤ BBS；⑥ 虚拟社区；⑦ 网络即时通信软件等。

7．Internet 的地址有两种表示方式：IP 地址和域名。

IP 地址用 32 位二进制数来表示，也可以用 4 个十进制数来表示，每个数的范围是 0～255，每个十进制数之间用 "." 号隔开。IP 地址又可分为 A、B、C 三类。

域名是为了使基于 IP 地址的计算机在通信时便于被用户识别，采用文字表达的一种表示 Internet 地址的一种方式。

8．在 Internet 上搜索信息的方法主要是通过搜索引擎来实现。比如我们在 Internet 上访问百度、google、sohu、3721、yahoo 等网站，在这些网站的网页里的搜索栏中输入要搜索的项目关键字，就可以开始搜索。要注意的是，在搜索的时候应尽可能地缩小搜索范围。缩小搜索范围的简单方法就是添加搜索词或设置搜索类别。

9．电子邮件（Electronic Mail，E-mail），又称电子信箱，它是一种用电子手段提供信息交换的通信方式。

E-mail 地址是指用户使用邮箱的名称　其一般格式为：用户名@电子邮件服务器。

E-mail 账号是在使用 E-mail 地址接收和发送邮件时，用来登录电子邮件服务器的用户名和密码。

10．FTP 是文件传输协议（File Transfer Protocol，FTP）的缩写。文件传输是指通过在网络计算机之间快速传输文件的服务。传输的文件可以包括电子报表、声音、编译后的程序以及字处理程序的文档文件。要实现 FTP 文件传输，必须在相连的两端都装有支持 FTP 协议的软件。

11．BBS 是 Bulletin Board System（电子公告牌系统）的缩写，是很多人参与的论坛系统。国内新建的一些 BBS 可以使用鼠标完成所有的操作，包括申请用户名和密码，并且图文并茂，和一般的网页没有什么差别，被称为虚拟社区。

第 5 章
数据库基础及 Access 的应用

5.1　重点与难点

1. 数据库系统的功能
2. 数据库系统的基本组成
3. 常见数据库管理系统的特点
4. 概念模型及常见数据模型
5. 建立关系数据库系统的步骤
6. Access 数据库的功能及使用方法
7. 数据库在管理信息系统中的应用

5.2　重点与难点习题解析

【例题 5-1】数据管理技术的发展阶段不包括_____。

A. 操作系统管理阶段　　　　　　　B. 人工管理阶段

C. 文件系统管理阶段　　　　　　　D. 数据库系统管理阶段

【解析】

数据管理是研究如何对数据分类、组织、编码、存储、检索和维护的一门技术。数据管理经历了人工管理、文件系统管理、数据库系统 3 个阶段。

【正确答案】A

【例题 5-2】数据库（DB）、数据库系统（DBS）、数据库管理系统（DBMS）三者之间的关系是_____。

A. DBS 包括 DB 和 DBMS　　　　　B. DBMS 包括 DBS 和 DB

C. DB 包括 DBS 和 DBMS　　　　　D. DBS 就是 DB，也就是 DBMS

【解析】

DB 是存储在计算机内，有组织、可共享的数据集合。DBMS 是一个专门对数据库中的大量数据进行管理的系统软件。在一般计算机系统中引入数据库技术后即形成 DBS。DBS 一般由 DB、DBMS、应用系统、数据库管理员和普通用户构成。

【正确答案】A

【例题 5-3】数据库系统的核心是_____。

A. DB　　　　B. DBMS　　　　C. OS　　　　D. DBS

【解析】

DBMS 是一个专门对数据库中的大量数据进行管理的系统软件，是数据库系统的核心。它建立在操作系统的基础上，是位于操作系统与用户之间的一层数据管理软件，负责对数据库进行统一的管理和控制。

【正确答案】B

【例题 5-4】以下不属于数据库设计的内容的是_____。

A. 需求分析　　　　　　B. E-R 模型设计

C. 逻辑结构设计　　　　D. 创建数据库

【解析】

数据库设计是数据库应用系统开发和建设的首要任务。根据规范化设计方法，数据库设计分为需求分析、概念结构设计、逻辑结构设计和物理结构设计 4 个阶段。创建数据库属于数据库实现阶段的任务。

【正确答案】D

【例题 5-5】不是 Access 数据库对象的是_____。

A. 表　　　　B. 查询　　　　C. 视图　　　　D. 索引

【解析】

Access 数据库是由表、查询、窗体、报表、数据访问页、宏以及 VBA 程序模块等数据库对象组成的，每一个数据库对象可以完成不同的数据库功能。索引不属于 Access 数据库对象。

【正确答案】D

【例题 5-6】在 Access 中最常见的查询类型是_____。

A. 选择查询　　　B. 操作查询　　　C. 参数查询　　　D. SQL 查询

【解析】

在 Access 中，查询的类型主要有：选择查询、参数查询、交叉表查询、操作查询及 SQL 查询。选择查询是最常见的查询类型。输入条件后，将一个或多个表中符合条件的数据检索出来。

【正确答案】A

【例题 5-7】图形文件的字段类型是_____。

A. 文本　　　B. 货币　　　C. OLE 对象　　　D. 日期

【解析】

OLE 对象类型用于链接或嵌入使用 OLE 协议在其他程序中创建的 OLE 对象，如 Microsoft Word 文档、Microsoft Excel 电子表格、图片、声音或其他二进制数据。

【正确答案】C

【例题 5-8】Access 默认的数据库文件夹是_____。

A. Access　　　　　　　B. My Documents

C. 用户自定义的文件夹　　D. Temp

【解析】

Access 默认的数据库文件夹是 My Document。

【正确答案】B

5.3　习　　题

5.3.1　选择题

在下列各题 A、B、C、D 4 个选项中选择一个正确的答案。

1. 以下有关对数据的解释错误是（　　）。

A. 数据是信息的载体　　　　　　　B. 数据信息的表现形式

C. 数据是 0～9 组成的符号序列　　　D. 数据与信息在概念上是有区别的

2. Access 系统是（　　）。

A. 操作系统的一部分　　　　　　　B. 操作系统支持下的系统软件

C. 一种编译程序　　　　　　　　　D. 一种操作系统

3. 以下不是数据库系统体系结构中包含的模式的是（　　）。

A. 模式　　　　　B. 外模式　　　　　C. 优化模式　　　　　D. 内模式

4. 能够实现对数据库中数据操纵的软件是（　　）。

A. 操作系统　　　　B. 解释系统　　　　C. 编译系统　　　　D. 数据库管理系统

5. 数据库系统与文件系统最根本的区别是（　　）。

A. 文件系统只能管理程序文件，而数据库系统可以管理各种类型文件

B. 数据库系统复杂，文件系统简单

C. 文件系统管理的数据量少，数据库系统可以管理庞大数据量

D. 文件系统不能解决数据冗余的数据的独立性，而数据库系统能

6. 不属于数据库管理阶段数据处理特点的是（　　）。

A. 可为各种用户共享　　　　　　　B. 较高的数据独立性

C. 较差的扩展性　　　　　　　　　D. 较小冗余度

7. 根据关系规范化理论，关系模式的任何属性（　　）。

A. 可再分　　　　　　　　　　　　B. 命名可以不唯一

C. 不可再分　　　　　　　　　　　D. 以上都不是

8. 以下对关系的描述正确的是（　　）。

A. 同一个关系中第一个属性必须是主键

B. 同一个关系中主属性必须是升序排序

C. 同一个关系中不能出现相同的属性

D. 同一个关系中可出现相同的属性

9. 在关系数据库中，主码标识元组的作用是通过（　　）实现。

A. 实体完整性原则　　　　　　　　B. 参照完整性原则

C. 用户自定义的完整性　　　　　　D. 域完整性

10. 要定义表结构需要定义（　　）。

A. 数据库、字段名、字段类型　　　B. 数据库、字段类型、字段长度

C. 字段名、字段类型、字段长度　　D. 数据库名、字段类型、字段长度

11. 表中某一字段要建立索引，其值有重复，可选择（　　）索引类型。

A. 主索引　　　　　B. 有（无重复）　　　　C. 无　　　　　D. 有（有重复）

12. 以下不是表中字段类型的是（　　　）。

A. 文本　　　　　B. OLE　　　　　C. 日期　　　　　D. 索引

13. 定义字段的特殊属性不包括的内容是（　　　）。

A. 字段默认值　　B. 字段掩码　　　　C. 字段名　　　　D. 字段的有效规则

14. 下列数据类型中能进行索引的是（　　　）。

A. 文本　　　　　B. OLE　　　　　C. 备注　　　　　D. 超级链接

15. 创建"追加查询"的数据来源是（　　　）。

A. 一个表　　　　B. 没有限制　　　　C. 多个表　　　　D. 两个表

16. 以下不是"选择查询"窗口字段列表框中的选项是（　　　）。

A. 排序　　　　　B. 显示　　　　　C. 类型　　　　　D. 准则

17. 创建窗体的数据来源不能是（　　　）。

A. 多个表　　　　　　　　　　　　B. 一个多表创建的查询

C. 一个单表创建的查询　　　　　　D. 一个表

18. 存储在计算机中的有结构的数据集合称为（　　　）。

A. 数据库　　　　B. 文件系统　　　C. 数据库管理系统　　　D. 数据库系统

19. 最常用的一种基本数据模型是关系数据模型，它的表示采用（　　　）。

A. 树　　　　　　B. 网络　　　　　C. 图　　　　　D. 二维表

20. 数据库、数据库系统和数据库管理系统之间的关系是（　　　）。

A. 数据库包括数据库系统和数据库管理系统

B. 数据库系统包括数据库和数据库管理系统

C. 数据库管理系统包括数据库和数据库系统

D. 三者之间没有必然的联系

21. 关系表中的每一行称为（　　　）。

A. 元组　　　　　　　　B. 字段　　　　　C. 属性　　　　　D. 码

22. 数据库系统中，数据模型有（　　　）3 种。

A. 大型、中型和小型　　　B. 环状、链状和网状

C. 层次、网状和关系　　　D. 数据、图形和多媒体

23. 数据库系统具有（　　　）特点。

A. 数据的结构化　　　　B. 较小的冗余度

C. 较高程度的数据共享　　D. 三者都有

24. DBMS 的核心部分是（　　　）。

A. 数据库的定义功能　　　B. 数据存储功能

C. 数据库的运行管理　　　D. 数据库的建立和维护

25. 下列不属于 Access 数据库对象的是（　　　）。

A. 查询　　　　　　　B. 向导　　　　　C. 窗体　　　　　D. 模块

26. 数据库系统的分类是根据数据库管理系统支持的（　　　）。

A. 文件形式　　　　B. 记录类型　　　C. 数学模型　　　D. 数据类型

27. 对于现实世界中某一事物的某一特征，在实体—联系模型中使用（　　　）。

A. 模型描述　　　　B. 关键字描述　　　C. 关系描述　　　D. 属性描述

28．以下方法能退出 Access 的是（　　　）。

A．打开"文件"选项卡，选择"退出"命令

B．打开"文件"菜单，按 X 键

C．按 Esc 键

D．按 Ctrl+Alt+Del 键

29．在"选项"窗口，选择（　　　）选项，可以设置默认数据库文件夹。

A．常规　　　　　　B．视图　　　　　　C．数据表　　　　　　D．高级

30．定义表结构时，不用定义的内容是（　　　）。

A．字段属性　　　B．数据内容　　　C．字段名　　　　　D．索引

31．定义字段的特殊属性不包括的内容是（　　　）。

A．字段默认值　　B．字段掩码　　　C．字段名　　　　　D．字段的有效规则

32．动作查询不包括（　　　）。

A．参数查询　　　　B．生成表查询　　C．更新查询　　　　D．删除查询

33．关于查询与表之间的关系，下列说法正确的是（　　　）。

A．查询的结果是创建了一个新表

B．查询的记录集存在于用户保存的地方

C．查询中所存储的只是在数据库中筛选数据的条件

D．每次运行查询时，便调出查询形成的记录集，这是物理上已经存在的

34．以下有关查询的论述正确的是（　　　）。

A．选择查询仅用来查看数据

B．动作查询的主要用途是对大量的数据进行更新

C．无论是哪种类型的查询，数据来源一定是表

D．动作查询就是执行一个操作

35．以下不是窗体控件的是（　　　）。

A．组合框　　　　　B．文本框　　　　C．表　　　　D．按钮

5.3.2　填空题

1．数据库常用的数据模型有_____、_____和_____。

2．数据库是以一定的组织方式将相关的数据组织在一起，长期存放在计算机内，可为多个用户共享，与应用程序彼此独立，统一管理的_____。

3．数据库管理系统主要有_____、_____、_____、数据组织存储和管理、数据库的建立与维护和数据通信接口等功能。

4．数据库系统通常由_____、_____、_____、_____和_____组成。

5．如果某个属性或属性组的值能标识出实体集中的某一个实体，该属性或属性组就可以称为_____。

6．Access 2010 是_____软件。

7．Access 2010 是_____组件之一。

8．使用数据库或维护数据库，都必须把数据库_____。

9．报表可用于屏幕预览和_____输出。

10．表是数据库中最基本的操作对象，是整个数据库系统的_____，也是数据库_____的

操作依据。

11. 索引是按索引字段的值使表中的记录_____的一种技术。

12. 一个表只能有一个_____，而其他类型的索引可以有多个。

13. 查询是专门用来进行_____和数据加工的一种重要的数据库对象。

14. 查询结果可以作为其他数据库对象的_____。

15. 创建"追加查询"的前提是要有两个表，且两个表的属性_____。

16. 窗体通常由页眉、页脚及_____组成。

17. 数据库系统中实现各种数据管理功能的核心软件称为_____。

18. 在关系模型中，把数据看成一个二维表，每个二维表称为一个_____。

19. 建立一个数据表一般有两个步骤，先建立_____，然后_____。

20. 实体间联系的主要类型有_____、_____和_____。

5.3.3　简答题

1. 数据库系统的发展经历了几个阶段？各有什么特点？

2. 什么是数据库和数据库管理系统？

3. 什么是数据模型？数据库的数据模型有几种？

4. 常用的数据库系统有哪些？

5. Access数据库系统有几个对象？各种对象的基本作用是什么？

6. 什么是表对象的主键？有何作用？

7. Access数据库的表对象之间有几种类型的关系？

8. Access的查询一共分为几类？选择查询与操作查询有何区别？

9. 数据库管理系统的功能是什么？

10. 数据库设计的步骤是什么？

11. 简述数据库设计需求分析阶段的任务。

12. 什么是索引？索引有几种类型？

13. 窗体中的页眉和页脚有什么用途？

5.4　参　考　答　案

5.4.1　选择题

1. C	2. B	3. C	4. D	5. D	6. C	7. C	8. C
9. A	10. C	11. D	12. D	13. C	14. A	15. D	16. C
17. A	18. A	19. D	20. B	21. A	22. C	23. D	24. D
25. B	26. C	27. D	28. C	29. A	30. B	31. C	32. A
33. D	34. D	35. C					

5.4.2　填空题

1. 层次模型、网状模型、关系模型　　2. 数据集合

3. 数据定义、数据操纵、数据库的运行管理

4. 数据库、数据库管理系统、应用系统、数据库管理员、普通用户

5. 码　　　　　　　　　　　　　　6. 数据库管理系统

7. Microsoft Office 2003　　　　　　8. 打开

9. 打印机　　　　　　　　　　　　10. 基础　其他对象

11. 有序排列　　　　　　　　　　　12. 主索引

13. 检索　　　　　　　　　　　　　14. 数据源

15. 相同　　　　　　　　　　　　　16. 主体

17. 数据库管理系统　　　　　　　　18. 关系

19. 表结构、输入记录　　　　　　　20. 一对一、一对多、多对多

5.4.3　简答题

1. 数据库技术是应数据管理任务的需求而产生的。数据库系统的发展经历了人工管理、文件系统管理、数据库系统 3 个阶段。

（1）人工管理阶段特点

数据无法长期保存；数据不能共享，冗余度极大；数据独立性差。

（2）文件系统阶段

程序与数据具有一定的独立性。文件一般为一个应用程序所有，可以指定其他应用程序共享，但当不同应用程序具有一部分相同的数据时，则必须建立各自的数据文件，造成数据冗余；并且，应用程序信赖于数据的逻辑结构，一旦数据的逻辑结构改变，则必须修改文件结构的定义，修改应用程序；并且程序设计复杂，使用不便。

（3）数据库系统阶段

多个用户、多种应用可充分共享；提供了更广泛的数据共享和更高的数据独立性，进一步减少数据的冗余度，并为用户提供了方便的操作使用接口。

2. 数据库（DataBase）是存储在计算机内，有组织、可共享的数据集合。数据库中的数据有一定的结构，能为众多用户所共享，能方便地为不同的应用服务。

数据库管理系统（DataBase Management System，DBMS）就是为了科学地组织和存储数据，以及高效地获取和维护数据，专门对数据库中的大量数据进行管理的一个系统软件。

3. 数据模型是在概念模型的基础上建立的一个适合于计算机表示的数据库层的模型，是对信息世界进一步抽象描述得到的模型。数据模型是一组严格定义的概念的集合，它通常由数据结构、数据操作和完整性约束 3 部分组成。

数据模型是数据库系统的核心，它规范了数据库中数据的组织形式，表示了数据之间的联系。数据库领域中常用的数据模型有：层次模型、网状模型和关系模型。

4. 目前，常见的通用数据库管理系统都是以关系数据模型为基础的关系数据库管理系统。它们不但可以支持传统的结构化数据的存储与管理，而且支持多种复杂类型的数据的存储与管理，在应用开发上支持面向对象技术，提供多种应用软件开发平台的接口。如 SQL Server、ORACLE、DB2、SYBASE、FoxPro、Access 及达梦数据库管理系统等。

5. Access 数据库是由表、查询、窗体、报表、数据访问页、宏以及 VBA 程序模块等数据库对象组成的，每一个数据库对象完成不同的数据库功能。

（1）表。表是数据库中用来存储数据的对象，它是整个数据库系统的核心和基础。

（2）查询。查询是对数据库中数据的直接访问。它是以表为基础数据源的虚表，可以作为表加工处理后的结果，也可以作为其他数据库对象的数据来源。

（3）窗体。窗体是系统的工作窗口。它可以用来控制数据库应用系统流程，接收用户信息，并且可以完成对表或查询中的数据输入、编辑、删除等操作。

（4）报表。报表是数据库的数据输出形式之一。利用报表可以将进行分析和处理后的数据通过打印机输出，也可以进行统计计算、分组汇总等操作。

（5）数据访问页。数据访问页是特殊类型的网页，用于查看和处理来自 Internet 或 Intranet 的数据，也可以包含其他来源的数据。它主要用来实现 Internet 或 Intranet 与用户数据库之间的相互访问。

（6）宏。宏是一个或多个操作命令的集合，其中每个命令实现一个特定的操作。当数据库中有大量重复性的工作需要处理时，使用宏是较好的选择。

（7）模块。模块是用 Visual Basic 语言编写的程序段。模块可以与报表、窗体等对象结合使用，通过嵌入在 Access 中的 Visual Basic 语言编辑器和编译器实现与 Access 的完美结合，以建立完整的应用程序。

6. 在一个关系的若干个候选关键字中指定一个用来唯一标识该关系的记录，这个被指定的候选关键字称为该关系的主关键字。

由于表中不能含有完全相同的记录。数据库中的每个表必须定义主关键字来保证记录的唯一性。任何一条记录中的主关键字都必须有明确的取值。

7. Access 中两个表间的关系有以下 3 种。

（1）一对一关系："主"表中的关联字段与另一个表中的关联字段一一对应。要求两个表的关联字段都定义为主键或唯一索引。

（2）一对多关系：两个表有关联字段。要求"主"表的关联字段为主键或唯一索引，另一个表的关联字段为普通索引。

（3）多对多关系：两个表有关联字段。要求两个表的关联字段都定义为普通索引。

8. 在 Access 中，查询的类型主要有：选择查询、参数查询、交叉表查询、操作查询及 SQL 查询。

选择查询是最常见的查询类型。输入条件后，将一个或多个表中符合条件的数据检索出来。操作查询主要用于对数据库中数据的更新、删除、追加和生成新表，从而对数据库中的数据进行维护。

9. DBMS 的主要功能包括以下 6 个方面。

（1）数据定义。用于对数据库中的数据对象进行定义。

（2）数据操纵。用于对数据库中的数据进行查询、插入、修改和删除等基本操作。

（3）数据组织、存储和管理。DBMS 负责分门别类地组织、存储和管理数据库中存放的多种数据，如数据字典、用户数据、存取路径等。

（4）数据库运行管理。包括对数据库进行并发控制、安全性检查、完整性约束条件检查和执行、数据库的内部维护等。

（5）数据库的建立与维护。建立数据库包括数据库初始数据的输入与数据转换等。维护数据库包括数据库的转储与恢复、数据库的重组织与重构造、性能的监视与分析等。

（6）数据通信接口。提供与其他系统软件进行通信的功能。

10. 根据规范化设计方法，将数据库设计归纳为需求分析、概念结构设计、逻辑结构设计和物理结构设计 4 个阶段。

11. 需求分析的目的就是要确定用户要做什么。这阶段要分析用户的要求，详细调查要处理的对象，并加以分析归类和初步规划，确定设计思路，同时要考虑以后可能的功能扩充和改变。

12. 索引是按索引字段或索引字段集的值使表中的记录有序排列的一种技术。按索引的功能分，索引有 3 种类型：唯一索引、普通索引和主索引。唯一索引的索引字段值不能相同，即没有重复值。普通索引的索引字段值可以相同，即有重复值。同一个表可以创建多个唯一索引，其中一个可以设置为主索引，且一个表只能有一个主索引。

13. 窗体中的页眉和页脚具体分为窗体页眉、窗体页脚、页面页眉、页面页脚。

窗体页眉位于窗体的最上方，主要显示窗体标题。在执行窗体时可以显示，打印窗体时，显示在第一页的顶部。

页面页眉出现在每张打印页的顶部，显示标题或列标题等信息，只在打印时输出。

页面页脚出现在每张打印页的底部，显示日期或页号等信息，只在打印时输出。

窗体页脚位于窗体的最下方，主要用于显示窗体的使用说明、控件按钮等。

图 5 章 数据库基础及 ACCESS 的应用

第 6 章

多媒体基础

6.1　重点与难点

1. 多媒体计算机的组成
2. 多媒体计算机的特点
3. 多媒体数据处理方法及标准
4. 常见图像文件格式
5. 常见音频文件格式
6. 常见视频文件格式
7. 常见多媒体动画文件格式
8. Photoshop CS5 和 Flash CS5 的使用

6.2　重点与难点习题解析

【例题 6-1】若要选择图像的某一区域，下列能实现的 Photoshop 操作有_____。

① 选择框工具　　② 魔术棒　　③ 套索工具　　④ 笔尖工具

A. ①②　　　　B. ②④　　　　C. ①③④　　　　D. ①②③④

【解析】

本题考察学生对常用的区域选择操作的掌握。①、②、③、④全都是常用的区域选择工具，本题容易犯的错误是认为魔术棒、笔尖工具不是区域选择工具，其实除了上述方法外，还可以使用菜单命令 Similar、Color range 实现区域选择。

【正确答案】D

【例题 6-2】下列哪些说法不正确_____。

① 动画和视频都是动态图像，所以它们的文件格式相同

② MPG 文件和.DAT 文件都是采用 MPEG 压缩方法的视频文件格式

③ AVI 格式的文件将视频信号和音频信号混合交错地存储在一起

④ FLC 格式的文件本身也能存储同步声音

A. ①②　　　B. ②③④　　　C. ①④　　　D. ①③

【解析】

本题考察学生对视频和动画文件格式的掌握情况。动画和视频虽然都是动态图像，但是两者是不同的，文件格式不能一样，所以① 错误。.MPG 文件是使用 MPEG 方法进行压缩的全运动视频图像的文件格式，.DAT 是 VCD 数据文件的扩展名，它也是采用 MPEG 压缩方法，所以② 正确。.AVI 文件采用 Intel 公司的 Indeo 视频有损压缩技术将视频信息与音频信息混合交错地存储在同一文件中，所以③ 正确。.FLC 文件本身不能存储同步声音，不适合用来表达真实场景的运动图像，所以④ 错误。

【正确答案】C

【例题 6-3】衡量声卡的音乐合成器的性能好坏的参数主要有_____。

A. 音乐数目 B. 发音数 C. 音乐的兼容性 D. 音乐通道的数目

【解析】

本题考察学生对声卡中音乐合成器的了解，衡量声卡的音乐合成器的性能好坏主要有以下几个。

音色数目：音色越多，音乐的表现力就越强。

发音数：发音数决定了声卡同时最多能发出多少个音符，发音数越多，播放交响乐的能力越强。

音乐的兼容性：是指音色在排列顺序上的兼容性。合成器的每种音色都有内部的编号，演奏时声卡是通过指定这个编号来决定采用什么乐器。如果两种声卡的音色排列互不相同，那么同一个 MIDI 音乐在这两块声卡上的演奏效果就完全不同。因此，音色排列顺序的兼容性也是很重要的一个指标。

【正确答案】A、B、C

【例题 6-4】彩色可以用_____来表示。

A. 亮度、色调和饱和度   B. 亮度和三基色

C. 亮度和灰度   D. 亮度、色度和色调

【解析】

本题考察学生对颜色基础概念的理解。彩色由亮度、色调和饱和度表示。

【正确答案】A

【例题 6-5】衡量数据压缩技术性能好坏的重要指标是_____。

① 压缩比 ② 算法复杂度 ③ 恢复效果 ④ 标准化

A. ①② B. ②④ C. ①③④ D. ①②③

【解析】

本题考察学生对衡量数据压缩技术性能好坏的指标的了解。数据压缩技术性能好坏的主要指标有 3 个，即压缩比要大、算法要简单、恢复效果要好。

【正确答案】D

6.3 习　　题

6.3.1　选择题

1. 多媒体信息不包括（　　）。

A. 影像、动画　　B. 文字、图形　　C. 音频、视频　　D. 声卡、光盘

2. 下面关于多媒体系统的描述中，（　　）是不正确的。

A. 多媒体系统是对文字、图形、声音、活动图像等信息及资源进行管理的系统

B. 多媒体系统的最关键技术是数据压缩与解压缩

C. 多媒体系统只能在微型计算机上运行

D. 多媒体系统也是一种多任务系统

3. 具有多媒体功能的微型计算机系统中，常用的 CD-ROM 是（　　）。

A. 只读型光盘　　　　　　　　B. 半导体只读存储器

C. 只读型硬盘　　　　　　　　D. 只读型大容量软盘

4. 计算机的多媒体技术是以计算机为工具，接收、处理和显示由（　　）等表示的信息技术。

A. 中文、英文、日文　　　　　B. 图像、动画、声音、文字和影视

C. 拼音码、五笔字型码　　　　D. 键盘命令、鼠标器操作

5. 在计算机内，多媒体数据最终是以（　　）形式存在的。

A. 二进制代码　　　　　　　　B. 特殊的压缩码

C. 模拟数据　　　　　　　　　D. 图形

6. 下列资料中，不属于多媒体素材的是（　　）。

A. 波形、声音　　　　　　　　B. 文本、数据

C. 图形、图像、视频、动画　　D. 光盘

7. 关于 WAV 文件，不正确的描述为（　　）。

A. 就是波形文件　　　　　　　B. 是一种动态图像文件

C. 是一种非压缩的音频文件　　D. 是 Microsoft 公司制定的音频文件格式

8. 关于 AVI 文件，不正确的描述是（　　）。

A. 采用了压缩算法　　　　　　B. 将视频信息和音频信息交错混合地存储

C. 是一种动态图像文件　　　　D. 只能通过 Windows Media Player 来播放

9. 下列选项中不属于多媒体设备的是（　　）。

A. 音箱　　　B. 声卡　　　C. 扫描仪　　　D. 光驱

10. 下列不属于静态图像文件格式的是（　　）。

A. BMP　　　B. RM　　　C. JPG　　　D. GIF

11. 多媒体计算机在对声音信息进行处理时，必须配置的设备是（　　）。

A. 显卡　　　B. 网卡　　　C. 声卡　　　D. CPU

12. 以下文件格式中，不是动态图像文件格式的是（　　）。

A. AVI　　　B. JPG　　　C. RM　　　D. DAT

13. 在 MPEG 中为了提高数据压缩比，采用了下列哪些方法（　　）。

A. 运动补偿与运行估计　　　　　B. 减少时域冗余与空间冗余

C. 帧内图像数据与帧间图像数据压缩　　D. 只能通过 Windows Media Player 来播放

14. 多媒体计算机系统的两大组成部分是（　　）。

A. 音箱和声卡　　　　　　　　B. 多媒体器件和多媒体主机

C. 多媒体输入设备和输出设备　　D. 多媒体计算机硬件系统和软件系统

15. JPG 是（　　）图像压缩编码标准。

A. 动态　　　B. 静态　　　C. 点阵　　　D. 矢量

16. MPEG 是数字存储（　　）图像压缩编码和伴音编码标准。

A. 动态　　　　B. 静态　　　　　　C. 点阵　　　　　　D. 矢量

17. 多媒体信息具有（　　）的特点。

A. 数据量大和数据类型多

B. 数据量大、数据类型多、输入和输出复杂

C. 数据量大和数据类型少

D. 数据量大、数据类型多、输入和输出不复杂

18. 多媒体计算机软件系统的核心是（　　）。

A. 多媒体操作系统　　　　　　B. 多媒体驱动软件

C. 多媒体应用软件　　　　　　D. 多媒体数据处理软件

19. 扩展名为.WAV 的文件是（　　）文件。

A. 视频　　　　B. 动画　　　　　　C. 波形　　　　　　D. 矢量图形

20. 下列选项中（　　）不是矢量动画相对于位图动画的优势。

A. 文件大小要小很多　　　　　　B. 更适合表现丰富的现实世界

C. 可以在网上边下载边播放　　　　D. 放大后不失真

21. MIDI 是音乐设备数字接口的缩写，它记录的是（　　）。

A. 一系列指令　　　　　　　　B. 声音的采集信息

C. 声音的数字化信息　　　　　　D. 声音的模拟信息

22. 下列选项中，（　　）属于多媒体教学软件的特点。

① 具有友好的人机交互界面

② 能正确生动地表达本学科的知识内容

③ 能判断问题并进行教学指导

④ 能通过计算机屏幕和老师面对面讨论问题

A. ②③④　　　　　B. ①②③　　　　　C. ①②④　　　　　D. ②③

23. 位图和矢量图相比较，可以看出（　　）。

A. 位图和矢量图占用空间相同

B. 对于复杂图像，位图比矢量图画对象更慢

C. 位图比矢量图占用空间要小

D. 对于复杂图像，位图比矢量图画对象更快

24. 音频卡是按（　　）分类的。

A. 采样频率　　　　B. 声道数　　　　C. 压缩方式　　　　D. 采样量化位数

25. 与位图描述图像相比，矢量图像（　　）。

A. 善于勾勒几何图形　　　　B. 占用空间较大

C. 容易失真　　　　　　　　D. 不同物体在屏幕上不可重叠

26. 位图图像是用（　　）来描述图像的。

A. 像素　　　B. 像素、点和线　　　C. 直线和曲线　　　　D. 点和线

27. 下列不属于多媒体开发基本软件的是（　　）。

A. 音频编辑软件　　　　　　B. 图像编辑软件

C. 项目管理软件　　　　　　D. 画图和绘图软件

28. 关于图层，下列说法不正确的是（　　）。

A. 各个图层上的图像互不影响

B. 如果要修改某个图层，必须将某个图层隐藏起来

C. 通常将不变的背景作为一个图层，并放在最下面

D. 上面图层的图像将覆盖下面图层的图像

29. 下列选项中关于音频处理技术描述不正确的是（　　　）。

A. 通常 WAV 格式的文件容量会比较大

B. MIDI 文件中存储的是波形数据

C. MP3 文件的数据是经过压缩的

D. 声卡可以高效地完成模拟的波形声音和数字化采样的转换

30. Flash 的元件包括图形、按钮和（　　　）。

A. 图层　　　　　　　B. 场景　　　　　　　C. 影片剪辑　　　　　　D. 时间轴

31. 在 Flash 中有文本、元件、形状、位图和组几种状态，可以使用基本绘图工具和颜色工具直接编辑的是（　　　）。

A. 位图　　　　　　　B. 形状　　　　　　　C. 组　　　　　　　　　D. 元件

32. RM 和 MP3 是因特网上流行的（　　　）压缩格式。

A. 音频　　　B. 视频　　　C. 动画　　　D. 图像

33. 下列各组应用不是多媒体技术应用的是（　　　）。

A. 计算机辅助教学　　　　　B. 电子邮件

C. 远程医疗　　　　　　　　D. 视频会议

34. 电视或网页中的多媒体广告和普通报刊广告相比最大优势表现在（　　　）。

A. 多感官刺激　　　　B. 超时空传递　　　　C. 覆盖范围广　　　　D. 实时性好

35. 以下列文件格式存储的图像，在图像缩放过程中不易失真的是（　　　）。

A. BMP　　　　　　　B. GIF　　　　　　　C. JPG　　　　　　　　D. SWF

36. 多媒体信息不包括（　　　）。

A. 音频、视频　　　　B. 动画、图像　　　　C. 声卡、光盘　　　　D. 文字、图像

37. 下列关于多媒体技术主要特征描述正确的是（　　　）。

① 多媒体技术要求各种信息媒体必须要数字化

② 多媒体技术要求对文本、声音、图像、视频等媒体进行集成

③ 多媒体技术涉及到信息的多样化和信息载体的多样化

④ 交互性是多媒体技术的关键特征

⑤多媒体的信息结构形式是非线性的网状结构

A. ①②③⑤　　　　　B. ①④⑤　　　　　　C. ①②③　　　　　　D. ①②③④⑤

38. 计算机存储信息的文件格式有多种，DOC 格式的文件是用于存储（　　　）信息的。

A. 文本　　　　　　　B. 图片　　　　　　　C. 声音　　　　　　　　D. 视频

39. 图形、图像在表达信息上有其独特的视觉意义，以下不正确的是（　　　）。

A. 能承载丰富而大量的信息　　　　　B. 能跨越语言的障碍增进交流

C. 表达信息生动直观　　　　　　　　D. 数据易于存储、处理

40. 在多媒体课件中，课件能够根据用户答题情况给予正确或错误的回复，突出显示了多媒体技术的（　　　）。

A. 多样性　　　　　　B. 非线性　　　　　　C. 集成性　　　　　　D. 交互性

41．MIDI 音频文件是（　　）。

A．一种波形文件

B．一种采用 PCM 压缩的波形文件

C．是 MP3 的一种格式

D．是一种符号化的音频信号，记录的是一种指令序列

42．关于文件的压缩，以下说法正确的是（　　）。

A．文本文件与图形图像都可以采用有损压缩

B．文本文件与图形图像都不可以采用有损压缩

C．文本文件可以采用有损压缩，图形图像不可以

D．图形图像可以采用有损压缩，文本文件不可以

43．下图为矢量图形文件格式的是（　　）。

A．WMF　　　　　　　B．JPG　　　　　　　C．GIF　　　　　　　D．BMP

44．下列文件格式中都是图像文件格式的是（　　）。

A．GIF、TIFF、BMP、PCX、TGA　　　　B．GIF、TIFF、BMP、PCX、WAV

C．GIF、TIFF、BMP、DOC、TGA　　　　D．GIF、TIFF、BMP、PCX、TXT

45．下列采集的波形声音（　　）的质量最好。

A．单声道、8 位量化、22.05kHz 采样频率

B．双声道、8 位量化、44.1kHz 采样频率

C．单声道、16 位量化、22.05kHz 采样频率

D．双声道、16 位量化、44.1kHz 采样频率

46．以下（　　）不是常见的声音文件格式。

A．MPEG 文件　　　　　B．WAV 文件　　　　　C．MIDI 文件　　　　D．MP3 文件

47．下列文件中，数据量最小的是（　　）。

A．一个含 100 万字的 TXT 文本文件

B．一个分辨率为 1024×768，颜色量化位数 24 位的 BMP 位图文件

C．一段 10 分钟的 MP3 音频文件

D．一段 10 分钟的 MPEG 视频文件

48．常见的 VCD 是一种数字视频光盘，其中包含的视频文件采用了（　　）视频压缩标准。

A．MPEG4　　　　　　B．MPEG2　　　　　　C．MPEG　　　　　　D．WMV

49．在动画制作中，一般帧频选择为（　　）就可以比较流畅地播放动画。

A．5 帧/秒　　　　　　B．10 帧/秒　　　　　　C．15 帧/秒　　　　　　D．100 帧/秒

50．下面的图形图像文件格式中，（　　）可实现动画。

A．WMF 格式　　　　　B．GIF 格式　　　　　　C．BMP 格式　　　　　D．JPG 格式

51．下面的多媒体软件工具，由 Windows 自带的是（　　）。

A．Media Player　　　　B．GoldWave　　　　　C．Winamp　　　　　　D．RealPlayer

52．下面 4 个工具中（　　）属于多媒体制作软件工具。

A．Photoshop　　　　　B．Fireworks　　　　　C．PhotoDraw　　　　　D．Authorware

53．要把一台普通的计算机变成多媒体计算机，（　　）不是要解决的关键技术。

A．视频音频信号的共享　　　　　　　B．多媒体数据压缩编码和解码技术

C．视频音频数据的实时处理和特技　　D．视频音频数据的输出技术

54. 数字音频采样和量化过程所用的主要硬件是（　　）。

A. 数字编码器　　　　　　B. 模拟到数字的转换器（A/D 转换器）

C. 数字解码器　　　　　　D. 数字到模拟的转换器（D/A 转换器）

55. （　　）不是 MPC 对音频处理能力的基本要求。

A. 录入声波信号　　　　B. 保存大容量声波信号

C. 重放声波信号　　　　D. 用 MIDI 技术合成音乐

56. 多媒体一般不包括（　　）媒体类型。

A. 图形　　　　B. 图像　　　　C. 音频　　　　D 视频

57. 下面硬件设备中（　　）不是多媒体创作所必需的。

A. 扫描仪　　　B. 数码相机　　　C. 彩色打印机　　D. 图形输入板

58. 下面各项中，（　　）不是常用的多媒体信息压缩标准。

A. JPEG 标准　　B. MP3 压缩　　C. LWZ 压缩　　D. MPEG 标准

59. 下面格式中，（　　）是音频文件格式。

A. WAV 格式　　B. JPG 格式　　C. DAT 格式　　D. MIC 格式

60. 下面程序中，（　　）属于三维动画制作软件工具。

A. 3DS MAX　　B. Fireworks　　C. Photoshop　　D. Authorware

61. 下面程序中，（　　）不属于音频播放软件工具。

A. Windows Media Player　　　B. GoldWave

C. QuickTime　　　　　　　　D. ACDSee

62. 常见的多媒体计算机升级套件一般不包括（　　）。

A. 声霸卡　　B. 光驱　　C. 多媒体视霸卡　　D. 视频压缩卡

63. （　　）不是多媒体技术的典型应用。

A. 教育和培训　　　　　B. 娱乐和游戏

C. 视频会议系统　　　　D. 计算机支持协同工作

64. 多媒体技术中使用数字化技术，与模拟方式相比，（　　）不是数字化技术的专有特点。

A. 经济，造价低

B. 数字信号不存在衰减和噪音干扰问题

C. 数字信号在复制和传送过程中不会因噪音的积累而产生衰减

D. 适合数字计算机进行加工和处理

65. 媒体中的（　　）指的是能直接作用于人们的感觉器官，从而能使人产生直接感受的媒体。

A. 感觉媒体　　　B. 表示媒体　　　C. 显示媒体　　　D. 存储媒体

66. 下列（　　）文件属于视频文件。

A. JPG　　　　B. AU　　　　C. ZIP　　　　D. AVI

67. 使用录音机录制的声音文件格式为（　　）。

A. MIDI　　　　B. WAV　　　　C. MP3　　　　D. CD

68. 下面设备中（　　）不是多媒体计算机中常用的图像输入设备。

A. 数码照相机　　B. 彩色扫描仪　　C. 条码读写器　　D. 彩色摄像机

69. Flash 有两种动画，即逐帧动画和补间动画，而补间动画又分为（　　）。

A. 运动动画、引导动画　　　　B. 运动动画、形状动画

C. 遮罩动画、引导动画　　　　D. 遮罩动画、形状动画

70. 如果希望制作一个三角形旋转的 Flash 动画，应该采用（　　）动画技术。

A. 逐帧　　　　B. 遮罩　　　C. 运动补间　　　D. 形状补间

71. 如果暂时不想看到 Flash 中的某个图层，可以将其（　　）。

A. 隐藏　　　　B. 删除　　　C. 锁定　　　D. 移走

72. 下列哪些说法是正确的（　　）。

① 图像都是由一些排成行列的点（像素）组成的，通常称为位图或点阵图；

② 图形是用计算机绘制的画面，也称矢量图；

③ 图像的最大优点是容易进行移动、缩放、旋转和扭曲等变换；

④ 图形文件中只记录生成图的算法和图上的某些特征点，数据量较小。

A. ①②③　　　　　　B. ①②④　　　　　C. ①②　　　　　D. ①③④

73. 下列工具或操作能在 Photoshop 中选择一个不规则的区域的是（　　）。

① 选择框工具　　② 魔术棒　　③ 套索工具　　④ 钢笔工具

A. ②③④　　　　　B. ①④　　　　　C. ①②③　　　　　D. ①②③④

74. Flash 影片的基本构成为（　　）。

A. 场景　　　　　B. 帧　　　　　C. 舞台　　　　　D. 图层

75. 如果希望制作一个沿复杂路径运动的 flash 动画，应该采用（　　）动画技术。

A. 运动引导层　　　B. 补间　　　C. 逐帧　　　D. 形状补间

76. 关于 flash 中元件的叙述，下列（　　）是错误的。

A. 元件包括图形、按钮和影片剪辑

B. 图形元件可以用语添加交互行为

C. 按钮元件可以响应鼠标事件

D. 当播放主动画时，影片剪辑元件也在循环播放

77. 下列软件中，属于视频编辑软件的有（　　）。

①Video For Windows　　②Quick Time　　③Adobe Premiere　　④Photoshop

A. ①　　　　　B. ①②　　　　　C. ①②③　　　　　D. ①②③④

78. Photoshop 中的魔术棒的作用是（　　）。

A. 产生神奇的图像效果　　　　B. 按照颜色选取图像的某个区域

C. 图像间区域的复制　　　　　D. 是滤镜的一种

79. 在图像像素的数量不变时，增加图像的宽度和高度，图像分辨率会发生怎样的变化？（　　）。

A. 图像分辨率降低　　　　　B. 图像分辨率增高

C. 图像分辨率不变　　　　　D. 不能进行这样的更改

80. 缩小当前图像的画布大小后，图像分辨率会发生的变化有（　　）。

A. 图像分辨率降低　　　　　B. 图像分辨率增高

C. 图像分辨率不变　　　　　D. 不能进行这样的更改

81. 下面（　　）是色彩的属性。

①明度　②色相　③纯度　④分辨率

A. ①④　　　　　B. ②③　　　　　C. ①②③　　　　　D. ①②③④

82. 创建补间动画时，如果看到的是虚线而不是箭头，表示创建补间动画失败了，其原因可能是（　　）。

A. 帧中的对象是唯一的　　　　　B. 开始帧和结束帧都是关键帧

C. 开始帧和结束帧中的对象相同　　D. 开始帧和结束帧中的对象不同

83. 如要选择图像的某一区域，下列（　　）Photoshop 操作能够实现。

①选择框工具 ②魔术棒 ③套索工具　④钢笔工具

A. ②④　　　　B. ①②③　　　　C. ①③　　　　D. ①②③④

84. 以下（　　）图像格式压缩比最大？

A. TIF　　　　B. JPG　　　　　C. PSD　　　　D. BMP

85. 下列要素中（　　）不属于声音的三要素？

A. 音调　　　　B. 音色　　　　　C. 音律　　　　D. 音强

86. 关于图像和图形，下列说法正确的是（　　　　）。

A. 图形是用计算机绘制的画面，也称矢量图

B. 图像的最大优点是容易进行移动、缩放、旋转和扭曲等变换

C. 图像是由一些排成行列的像素组成的，通常称位图或点阵图

D. 图形文件中只记录生成图的算法和图上的某些特征点，数据量较小

87. 以下软件是图像加工工具的是（　　　　）。

A. Photoshop　　　B. Excel　　　C. WinRAR　D. FrontPage

88. Flash 中，关于帧（Frame）的概念，以下说法错误的是（　　　　）。

A. 时间轴上的小格子就是帧

B. 帧是 Flash 中构成动画作品的最基本单位

C. Flash 中帧可分为关键帧、空白帧、过渡帧

D. 帧中不能含有播放或交互操作

89. 以下关于视频文件格式的说法错误的是（　　　　）。

A. RM 文件是 RealNetworks 公司开发的流式视频文件

B. MPEG 文件格式是运动图像压缩算法的国际标准格式

C. MOV 文件不是视频文件

D. AVI 文件是 Microsoft 公司开发的一种数字音频与视频文件格式

90. 关于图形，以下说法正确的是（　　　　）。

A. 图形改变大小会失真　　　　　　B. 图形是矢量图

C. 图形占较大的存储空间　　　　　D. 图形就是图像

91. 在进行图像编辑加工时，以下说法正确的是（　　　　）。

A. 非用 Photoshop 不可

B. 不能用多种工具软件，只能选择一种适合的软件来完成

C. 可以选择多个软件的配合使用

D. 必须根据图像加工要求，最终在 Windows 画图中实现

92. 关于 GIF 格式文件，以下不正确的是（　　　　）。

A. 可以是动画图像　　　　　　　　B. 颜色最多只有 256 种

C. 图像是真彩色的　　　　　　　　D. 可以是静态图像

93. 超级解霸是视频媒体播放软件，以下说法错误的是（　　　　）。

A. 超级解霸是 Microsoft 公司力推的媒体播放软件

B. 超级解霸还能够进行视频格式的转换

C. 超级解霸能够播放绝大部分媒体样式文件

D. 超级解霸能够播放 MP3

94. 不论多媒体作品的开发的目的和内容有何不同，其开发的基本过程一般都要遵循以下几个阶段：①编写使用手册；②发布使用；③修改调试；④信息的规划与组织；⑤多媒体素材制作与集成。它们的先后次序是（　　）。

A. ④⑤③②①　　　　B. ①②③④⑤　　C. ②①④⑤③　　D. ⑤④①②③

95. 下列软件中，属于多媒体集成软件的是（　　　）。

A. Windows 记事本　　B. Photoshop

C. PowerPoint　　　　D. Word

96. 下列关于色彩的描述，不正确的是（　　）。

A. 色彩的三要素为明度、色相和纯度　　B. 白色一般象征严肃、刚直和恐怖

C. 红色一般象征热情、喜庆和危险　　　D. 黄色和蓝色混合可以得到绿色

97. 下列关于电脑录音的说法，正确的是（　　　）。

A. 录音时采样频率越高，则录制的声音音量越大

B. 录音时采样频率越高，则录制的声音音质越好

C. Windows 自带的"录音机"工具可以进行任意长度时间的录音

D. 音乐 CD 中存储的音乐文件可以直接复制到计算机中使用

98. DVD 数字光盘采用的视频压缩标准为（　　）。

A. MPEG-1　　　B. MPEG-2　　　C. MPEG-4　　　D. MPEG-7

99. 图像的最小单位是（　　　）。

A. 元件　　　　B. 图层　　　　C. 像素　　　　D. 按钮

100. 用来度量在图像中使用多少颜色信息来显示或打印像素的是（　　　）。

A. 明度　　　　B. 对比度　　　　C. 饱和度　　　　D. 位深度

6.3.2　填空题

1. 多媒体计算机可以播放＿＿＿＿＿唱片。

2. 多媒体是指多种媒体的＿＿＿＿＿应用。

3. 多媒体信息的存储和传递最常用的介质是＿＿＿＿＿。

4. 在计算机中，多媒体数据最终是以＿＿＿＿＿存储的。

5. 在计算机领域，媒体元素一般分为感觉媒体、表示媒体、表现媒体、＿＿＿＿＿和传输媒体这五种类型。

6. 根据计算机动画的表现方式，通常可以分为二维动画和＿＿＿＿＿两种形式。不同种类其显现的特点也不尽相同。

7. Flash 采用＿＿＿＿＿的方式设计和安排每一个对象的出场顺序和表现方式。

8. 在多媒体中静态的图像在计算机中可以分为位图和＿＿＿＿＿。

9. 多媒体系统是指利用＿＿＿＿＿技术和＿＿＿＿＿技术来处理和控制多媒体信息的系统。

10. 多媒体技术具有＿＿＿＿＿、＿＿＿＿＿、＿＿＿＿＿和＿＿＿＿＿等主要特点。

11. Flash 动画中的帧主要分为关键帧和普通帧。其中＿＿＿＿＿表现了运动过程的关键信息，它们建立了对象的主要形态。

12. Photoshop 中的＿＿＿＿＿专门用于对图像进行各种特殊效果处理。

13．现实世界中的音频信息是典型的时间连续、幅度连续的_____，而在信息世界则是_____。

14．多媒体的分类，从媒体的元素划分，可分为_____、_____、图像、_____、_____、和_____等。如果从技术角度划分，多媒体可以分为计算机技术、_____、图像压缩技术、_____等。

15．在多媒体技术处理过程中，录入文字的途径主要有直接输入、_____、_____和其他识别技术如_____、_____等。

16．图形是指从点、线、面到三维空间的黑白或彩色几何图，也称_____。图像则是由一组排成行列的点（像素）组成的，通常称为_____或_____。

17．图像处理时一般要考虑_____、_____和_____ 3 个因素。

18．通常，声音用模拟的连续波形表示。波形描述了空气的振动，波形最高点（或最低点）与基线间的距离为_____，表示声音的强度。波形中两个连续波峰间的距离称为_____。波形_____由 1s 内出现的周期数决定。

19．音频文件有多种格式，常用的有_____、_____和_____ 3 种。

20．CMYK 模式是针对印刷而设计的模式。C 代表_____、M 代表_____、Y 代表_____、K 代表_____，是构成印刷上的各种油墨的原色。

21．声音具有的三要素是_____、_____和_____。

22．常见的电视视频信号是_____，计算机视频信号是_____。

23．目前常用的压缩编码方法分为两类：_____和_____。

24．音频信息数字化的 3 个关键步骤分别是_____、_____、_____。

25．颜色具有 3 个特征：_____、_____和_____。

26．目前多媒体存储介质主要有磁介质、_____和_____。

27．彩色图像有_____和_____两种颜色模式。

28．色料三原色是_____，光三原色是_____。

29．电脑动画一共有两大类，分别是帧动画和_____。

30．视频用于电影时，一般采用_____FPS 的播放速率。

31．数字化音频文件主要有_____、_____、_____和压缩音频文件 4 种。

32．声音的三要素是_____、_____和_____。

33．Photoshop 保存的源文件的扩展名是_____，Flash 保存的源文件的扩展名是_____。

34．电脑中常见的声音格式有_____、_____、_____、_____。

35．压缩处理一般由两个过程组成，分别是_____和_____。

6.3.3　简答题

1．什么是多媒体计算机？

2．目前对多媒体个人计算机（MPC）大致有哪些要求？

3．简述多媒体作品开发的一般过程。

4．什么是多媒体作品的需求分析？

5．数据压缩技术的 3 个主要指标是什么？

6．什么是矢量图？什么是位图？并详述矢量图形与位图图像的区别。

7．试述多媒体技术的特点。

8. 什么是数据压缩？它的作用是什么？数据压缩的对象有哪些？

9. 什么是虚拟现实？

10. MPC 有哪些多媒体采集设备？

11. MPC 有哪些多媒体输出设备？

12. 矢量图和位图各有何特点？

13. Photoshop 中图层的作用是什么？

14. 试简述动画的基本原理。

15. 在 Flash 中，什么是库？库的作用是什么？

16. 简述数字音频的采样和量化。

17. 什么是模拟视频和数字视频？

18. 简述视频信息的数字化基本原理。

19. 试比较 GIF 动画和 SWF 动画的特点。

20. 多媒体教学系统与传统教学比较有哪些优势？

6.4 参考答案

6.4.1 选择题

1. D	2. C	3. A	4. B	5. A	6. D	7. B	8. D
9. C	10. B	11. C	12. B	13. C	14. D	15. B	16. A
17. B	18. A	19. C	20. B	21. A	22. B	23. B	24. D
25. A	26. A	27. A	28. B	29. B	30. C	31. A	32. A
33. B	34. A	35. D	36. C	37. D	38. A	39. D	40. D
41. D	42. D	43. A	44. A	45. D	46. A	47. A	48. C
49. C	50. B	51. A	52. D	53. A	54. B	55. B	56. A
57. C	58. C	59. A	60. A	61. D	62. D	63. D	64. A
65. A	66. D	67. B	68. C	69. B	70. C	71. A	72. B
73. A	74. B	75. A	76. B	77. C	78. B	79. A	80. C
81. C	82. D	83. D	84. B	85. C	86. B	87. A	88. D
89. C	90. B	91. C	92. C	93. A	94. A	95. C	96. B
97. B	98. B	99. C	100. D				

6.4.2 填空题

1. CD

2. 综合

3. 光盘

4. 二进制代码

5. 存储媒体

6. 三维动画

7. 时间轴

8. 矢量图

9. 计算机、多媒体

10. 多样性、集成性、交互性、实时性

11. 关键帧

12. 滤镜

13．模拟信号、数字信号

14．文本、图形、音频、动画、视频、音频视频技术、文字处理技术

15．文件导入、利用 OCR 技术录入文字、语音识别、手写识别

16．矢量图、位图、点阵图

17．图像分辨率、图像颜色深度、图像文件的大小

18．振幅、周期、频率

19．WAV 文件、MIDI 文件、CD-DA

20．青色、洋红、黄色、黑色

21．音调、音色、音强

22．模拟信号、数字信号

23．有损压缩、无损压缩

24．采样、量化、编码

25．亮度、色调、饱和度

26．光介质 半导体介质

27．RGB CMYK

28．RYB RGB

29．矢量动画

30．24

31．波形音频 MIDI 音频 CD-DA 音频

32．音色 音调 音强

33．PSD FLA

34．MP3 WAV MID SND

35．编码过程、解码过程

6.4.3 简答题

1．多媒体计算机是指一种能处理和提供声音、图像、文字等多种信息形式的计算机系统。

2．目前对多媒体计算机（MPC）大致上有如下要求。

（1）CPU、内存、硬盘

CPU 大多采用 586/133MHz 以上的产品，内存（RAM）一般在 16MB 以上，硬盘在 1.6GB 以上。

（2）显示器及显示卡

① 采用高分辨率显示器，一般分辨率为 1208×1024 ~ 1600×1900。

② 颜色深度，真彩色显示方式采用 24bit/32bit。

（3）CD-ROM 驱动器

① 传输速度一般每秒传输至少 1.2MB。

② 平均搜寻时间一般是越少越好。

③ CD-ROM 驱动器的倍速最低应该选择 10 ~ 16 倍速或更高。

（4）声卡

① 声音样本的位数一般用 16bit 或 32bit 声卡。位数越多，声音的质量越高。

② 一般采样频率为 44.1kHz、22.05kHz 和 11.025kHz。采样频率越高，采样越多，声音越清晰。

③ 品质特点，一般地说，声卡越贵，其音质越好。

3．包括需求分析、创作脚本、绘制流程图、素材选取与加工、媒体集成、测试、发布和评价。

4．需求分析就是分析开发多媒体作品的必要性和可行性的步骤。必要性是指多媒体作品的开发目的和预计的使用情况；可行性是研究如何实现完成多媒体作品，使用什么技术来制作作品，现有技术能否完成这一作品，以及时间、资金等其他方面的可行性。

5．① 压缩比：压缩前后数据量之比。实际应用中是压缩比特流中每个像素点所需的比特数，即 bpp（bit per pixel）。

② 算法要简单，压缩和解压的速度要快，做到实时压缩解压，一般至少 15 帧/秒，全动态视

频 25 帧/秒或 30 帧/秒。

③ 恢复效果，图像质量，尽可能完全恢复原始数据。

6. 矢量图一般指用计算机绘制的画面，是一种抽象化的图形，用指令来描述构成一幅图的所包含的直线、矩形、圆、圆弧、曲线等的形状、位置、颜色等各种属性和参数。

图像是指输入设备捕捉的实际场景画面或以数字化形式存储的任意画面。

静止的图像也称为位图图像，是一个用来描述像素信息的简单的矩阵，图像由一些排成行和列的点组成，这些点称为像素点。矩阵用来定义图中每个像素点的颜色和亮度。图形与图像的区别：①图像的数据量相对较大，与图的尺寸和颜色有关；图形的数据量相对较少，与图的复杂程度有关。②图像的像素点之间没有内在的联系，在放大与缩小时，部分像点被丢失或被重复添加，导致图像的清晰度受影响，而图形由运算关系支配，放大与缩小不会影响图形的各种特征。③位图文件内容是点阵数据，矢量图文件是图形指令。④位图的显示速度与它的容量有关；矢量图的显示速度与图的复杂程度有关。⑤从应用特点看，位图适于"获取"和"复制"，表现力丰富，但编辑较复杂。⑥图像的表现力较强，层次和色彩较丰富，适合表现自然的、细节的事物；图形易于编辑，但表现力受限，适于"绘制"和"创建"变化的曲线、简单的图案、运算的结果等。

7. 多媒体技术主要有以下几个特点。

集成性：能够对信息进行多通道统一获取、存储、组织与合成。

控制性：多媒体技术是以计算机为中心，综合处理和控制多媒体信息，并按人的要求以多种媒体形式表现出来，同时作用于人的多种感官。

交互性：是多媒体应用有别于传统信息交流媒体的主要特点之一。

非线性：多媒体技术的非线性特点将改变人们传统循序性的读写模式。

实时性：当用户给出操作命令时，相应的多媒体信息都能够得到实时控制。

信息使用的方便性：用户可以按照自己的需要、兴趣、任务要求、偏爱和认知特点来使用信息，任取图、文、声等信息表现形式。

信息解雇的动态性：用户可以按照自己的目的和认知特征重新组织信息，增加、删除或修改结点，重新建立链接。

8. 数据压缩就是用最少的数码来表示信号。其作用是：能较快地传输各种信号，如传真、Modem 通信等。通信时间、传输带宽、存储空间、发射能量等都可能称为数据压缩的对象。

9. 利用计算机技术生成的一个逼真的视觉、听觉及嗅觉等的感觉世界，用户可以用自然技能对这个生成的虚拟实体进行交互考察。它集成了计算机图形技术、计算机仿真技术、人工智能、传感技术、显示技术、网络并行处理等技术的最新发展成果，是一种由计算机生成的高技术模拟系统。

10. 有鼠标、键盘等基本的输入设备；麦克风、话筒等音频采集设备；扫描仪、数据相机、绘图仪等图形图像采集设备以及数码摄像机、摄像头等视频采集输入设备。

11. MPC 有显示器、打印机等常规输出设备；音箱、耳机、音响等声音输出设备；投影仪、电视机等图像视频输出设备。

12. 矢量图又被称为向量图。它是一种描述性的图，一般是以数字方式来定义直线或曲线的。矢量图与图像的分辨率无关，可以随意扩大或缩小，而不会影响图的质量。矢量图的文件较小，但描述精细影像时很困难，因此矢量图适用于以线条定位以物体为主的对象，通常用于计算机辅助设计与工艺美术设计等方面。

位图是由许多像素点组成的，位图也被称为点阵图。每个点被称为像素。它的特点是有固定的分辨率，图像细腻平滑，清晰度高。但是当我们扩大或缩小位图时，由于像素点的扩大或位图中像素点数目的减少，会使位图的图像质量变差，图像参差不齐，模糊不清。

13．Photoshop 的图层处理功能是它的一大特色。Photoshop 将图像的每一部分置于不同的图层中，这些图层放在一起组成一个完整的作品。整个作品中的所有对象，在图层面板中都一目了然，可以任意对某一图层进行编辑操作，而不会影响到其他图层。

14．动画是将静止的画面变为动态的艺术。实现由静止到动态，主要是靠人眼的视觉暂留效应，利用人的这种视觉生理特性可制作出具有高度想象力和表现力的动画影片。

15．库用来存储和管理导入的文件（如视频剪辑、声音剪辑、位图）和导入的矢量插图以及用户创建的元件。使用库可以给用户带来方便，可以省去很多重复操作，不同文档之间的库可以相互调用。

16．数字音频的采样：模拟声音在时间上是连续的，而数字音频是一个数字序列，在时间上只能是断续的。因此当把模拟声音变成数字声音时，需要每隔一个时间间隔在模拟声音波形上取一个幅度值，称之为采样，采样的时间间隔称为采样周期。

数字音频的量化：在数字音频技术中，把采样得到的表示声音强弱的模拟电压用数字表示。模拟电压的幅值仍然是连续的，而用数字表示音频幅度时，只能把无穷多个电压幅度用有限个数字表示，即把某一幅度范围内的电压用一个数字表示，这称之为量化。

17．模拟视频是指表示视频信号的物理量在时间和幅度上是连续的，电视剧接收的 NTSC 和 PAL 制式视频信号就是模拟视频信号；数字视频是指将模拟视频信号进行了采样和量化，把模拟波形在时间上和幅度上转换成不连续的离散值，这样便于计算机进行处理。

18．由于普通的视频都是模拟的，而计算机只能处理和显示数字信号，因此在计算机使用普通的视频信号前，必须进行数字化（采样、量化），并经过模数转换和彩色空间变换等过程。采样是在时间轴上，每隔一个固定的时间间隔对波形的振幅进行一次取值，量化是将一系列离散的模拟信号在幅度上建立等间隔的幅度电平，两种离散化结合在一起就叫做数字化。离散化的结果称为数字图像。彩色空间变换主要是指计算机彩色监视器的输入需要 RGB 三个颜色分量，通过三个分量的不同比例，在显示屏幕上合成所需的任意颜色，所以不管多媒体系统中采用什么形式的彩色空间表示，最后输出一定要转换成 RGB 彩色空间表示。

19．GIF 动画是基于位图图像的动画，每帧画面是像素构成的，制作简单，但相对于 SWF 动画需要的存储空间要大，所以网页上放置的 GIF 动画一般帧数都有限，且画面不会太大。放大 GIF 动画时，动画的效果会变模糊，有失真。

SWF 动画是 Flash 矢量动画，如果不添加声音和视频等其他媒体素材，动画本身基于的是矢量图元，存储图形数据占用的空间很小，适合网络传输，且画面缩放不会出现失真，动画播放效果清晰。

20．其优势主要表现在：学习效果好；说服力强；教学信息的集成使教学内容丰富，信息量大；感官整体交互，学习效率高；各种媒体与计算机结合可以使人类的感官与想象力相互配合，产生前所未有的思维空间与创造资源。

第7章
计算机安全

7.1 重点与难点

1. 信息安全与计算机安全、网络安全的联系及区别
2. 信息安全技术在网络信息安全中的作用
3. 网络信息安全的解决方案及个人网络信息安全的策略
4. 计算机病毒的概念、种类、主要传播途径及预防措施

7.2 习 题

7.2.1 选择题

在下列各题 A、B、C、D 四个选择中选择一个正确的答案。

1. 下列关于计算机病毒的叙述，正确的是（   ）。

A. 计算机病毒是计算机生产厂家在硬件中留下的隐患

B. 计算机病毒只能预防，在发现后就不能清除

C. 计算机病毒只能在发现后清除而不能预防

D. 以上 3 种说法都不对

2. 下列叙述中正确的是（   ）。

A. 计算机病毒只能通过磁盘传播

B. 计算机病毒可以通过网络传播

C. 计算机病毒只破坏数据而不破坏文件

D. 以上 3 种说法都不对

3. 下列叙述中正确的是（   ）。

A. 计算机安全只包括操作安全

B. 计算机安全只包括病毒预防

C. 计算机安全只包括操作安全与病毒预防

D. 计算机安全包括操作安全、病毒预防和物理安全等

4. 下列叙述中正确的是（   ）。

A. 计算机病毒一般只隐藏在计算机内存中

B. 计算机病毒一般只隐藏在磁盘中

C. 计算机病毒一般只隐藏在计算机网络中

D. 计算机病毒可以隐藏在所有存储介质中

5. 下列各种情况中，破坏了数据完整性的是（　　　）。

A. 数据在传输过程中被篡改

B. 数据在传输过程中被盗窃

C. 假冒他人地址发送数据

D. 以上 3 种说法都不是

7.2.2　填空题

1. 计算机安全指_____和_____。

2. 计算机病毒具有_____、_____、_____、_____、_____和_____的特点。

3. 根据计算机病毒入侵系统的途径，恶性病毒大致可分为_____、_____、_____和_____。

4. 计算机病毒的防治应遵循_____、_____、_____和_____的原则。

7.2.3　简答题

1. 计算机的安全存在哪些威胁？

2. 什么是计算机病毒？其本质是什么？

3. 请阐述计算机病毒的特点。

4. 计算机病毒有哪几种类型？

5. 请简述计算机病毒的危害性。

6. 从哪几个方面来防治计算机病毒。

7、什么是计算机黑客？

8. 简述特洛伊木马程序的防范措施。

9. 什么是计算机的防火墙？

10. 简述防火墙的种类。

7.3　参考答案

7.3.1　选择题

1. D 　　　2. B 　　　3. D 　　　4. D 　　　5. A

7.3.2　填空题

1. 计算机数据安全、计算机设备安全

2. 可生成性、隐蔽性、可传播性、潜伏性、可激发性、破坏性

3. 操作系统病毒、外壳病毒、入侵病毒、源码病毒

4．统一组织、统一规章、预防为主、防治结合

7.3.3 简答题

1．目前 Internet 上存在的计算机安全的威胁主要表现在：非授权访问；信息泄露或丢失；破坏数据完整性；拒绝服务。

非授权访问是指在未经同意的情况下使用他人计算机资源。信息泄露或丢失是指重要数据信息在有意或无意中被泄露出去或丢失。破坏数据完整性是指以非法手段窃得对数据的使用权，删除和更新计算机中某些重要信息，以干扰用户的正常使用。拒绝服务是指网络服务系统在受到干扰的情况下，正常用户的使用受到影响，甚至使合法用户不能进入计算机网络系统或不能得到相应的服务。

2．计算机病毒是指能够通过某种途径潜伏计算机存储介质或程序里，当达到某种条件时就可被激活的，具有对计算机资源进行破坏作用的一组程序或指令集合。本质是种对计算机带来危害的程序。

3．目前所发现的计算机病毒，其主要特点是：可生成性、隐蔽性、可传播性、潜伏性、可激发性及破坏性。

4．从计算机病毒设计者的意图和病毒程序对计算机系统的破坏程度来看，已发现的计算机病毒大致可分为"良性"病毒和恶性病毒两大类。根据计算机病毒入侵系统的途径，恶性病毒大致可分为4种：操作系统病毒、外壳病毒、入侵病毒和源码病毒。

5．计算机病毒的危害作用大致归纳为以下几点。

（1）破坏文件分配表 FAT，使用户存在磁盘上的文件丢失。

（2）改变内存分配，减少系统可用的有效存储空间。

（3）修改磁盘分配，造成数据写入错误。

（4）对整个磁盘或磁盘的特定磁道或扇区进行格式化。

（5）在磁盘上制造坏扇区，并隐藏病毒程序内容，减少磁盘可用空间。

（6）更改或重写磁盘卷标。

（7）删除磁盘上的可执行文件和数据文件。

（8）修改和破坏文件中的数据。

（9）影响内存常驻程序的正常执行。

（10）修改或破坏系统中断向量，干扰系统正常运行，降低系统运行速度。

6．计算机病毒防治工作应从以下几方面进行。

（1）对执行重要工作的计算机要专机专用，专盘专用。

（2）建立备份。

（3）系统引导固定。

（4）保存重要参数区。

（5）充分利用写保护。

（6）将所有.COM 和.EXE 文件赋以"只读"或"隐含"属性，可以防止部分病毒的攻击。

（7）做好磁盘及其文件的分类管理。

（8）控制软盘流动。

（9）慎用来历不明的程序。

（10）严禁在机器上玩来历不明的电子游戏。

7. 非法闯入别人计算机的网络捣乱分子和网络犯罪分子称为计算机黑客。

8. 对付特洛伊木马程序，可采用 LockDown 等软件来监视加以防范，并检查计算机注册表中是否含有该特洛伊木马程序的可执行文件，如存在将其从注册表中删除。

9. 防火墙是指设置在不同网络（如企业内部网和公共网）或网络安全域之间的一系列部件的组合。它是不同网络或网络安全域之间信息的唯一出入口，能根据企业的安全政策控制（允许、拒绝、监测）出入网络的信息流，且本身具有较强的抗攻击能力，是提供信息安全服务，实现网络和信息安全的基础设施。

10. 防火墙技术可根据防范的方式和侧重点的不同而分为很多种类型，但总体来讲可分为两大类：分组过滤防火墙技术和应用代理防火墙技术。

第8章
上机指导

实验 1　Internet 基础应用

1. 实验目的

了解浏览器工具软件的使用，掌握如何在 Internet 上浏览万维网（WWW）；学会在 WWW 上搜索、保存和下载有用信息；掌握申请电子邮箱和发送电子邮件的方法。

2. 实验要求

任务一：启动 IE 浏览器，利用百度查找与"英语四、六级考试"相关的网站。

任务二：进入网站浏览信息，查找最新英语四、六级考试试卷及答案，下载并保存在本地硬盘上。

任务三：利用网易 126 免费邮（www.126.com）申请免费邮箱，邮箱名称自定。

任务四：用新申请的邮箱向老师发送邮件，邮件标题为本人姓名，邮件内容自定，并将任务二中下载的最新英语四、六级考试试卷及答案作为附件一并发送。

3. 操作步骤

【任务一】

（1）在"开始"菜单的"程序"中选择"Internet Explorer"，或者双击桌面上的 Internet Explorer 图标，启动 IE 浏览器。

（2）在 IE 地址栏输入百度的网址 www.baidu.com，按"回车"键，即可显示百度主页，如图 8-1-1 所示。

（3）在搜索框内输入需要查询的内容，如"四六级真题下载"，按"回车"键，或者单击搜索框右侧的"百度一下"按钮，就可以得到最符合查询需求的网页内容，如图 8-1-2 所示。

（4）单击图 8-1-2 所示的搜索结果中的网站链接，就可以进入相应网站进行浏览。

图 8-1-1　"百度"主页

图 8-1-2 搜索结果

【任务二】

（1）利用图 8-1-2 的搜索结果，以显示的某一个链接为例，单击进入相应网站。

（2）根据搜索结果，将所需文件下载到本地。

【任务三】

（1）打开 IE 浏览器，在地址栏中输入"www.126.com"进入"126 免费邮"首页，如图 8-1-3 所示。单击"立即注册"，进入"126 免费邮"注册页面，如图 8-1-4 所示。

图 8-1-3 "126 免费邮"首页

图 8-1-4 填写注册信息

（2）按页面提示填写邮箱"用户名"、"安全信息"等注册信息。填写完成后单击"创建账号"，出现如图 8-1-5 所示的"注册成功"页面。

（3）可以在"注册成功"页面上选择用手机激活邮箱。如若不想激活，可以选择单击"不激活，直接进入邮箱"按钮，即可登录到刚申请到的电子邮箱中，如图 8-1-6 所示。

图 8-1-5　注册成功

图 8-1-6　电子邮箱界面

【任务四】

（1）在如图 8-1-6 的邮箱界面中，选择"写信"按钮，打开"写信"界面，如图 8-1-7 所示。

图 8-1-7　"写信"界面

（2）在"收件人"文本框输入老师提供的 E-mail 地址，在"主题"文本框中输入自己的姓名，在"附件"下的文本框中输入邮件正文内容（自定）。

（3）单击"添加附件"按钮，弹出"选择文件"对话框。在"查找范围"下拉列表中选择在任务二中下载的文件所在的路径，单击"打开"按钮，粘贴附件就成功了。

图 8-1-8　邮件发送成功

（4）若有多个附件，可重复多次添加附件的操作。

（5）单击"写信"界面上的"发送"按钮，即可发送邮件，如果发送成功，会显示邮件发送成功的信息，如图 8-1-8 所示。

4.　实践题

（1）启动 IE 浏览器，利用百度查找与"计算机等级二级考试"相关的网站。

（2）进入网站浏览信息，查找最新计算机二级考试试卷及答案，下载并保存在本地硬盘上。

（3）申请一个免费邮箱，邮箱名称自定。

（4）用新申请的邮箱向同学发送邮件，邮件标题为"资料共享"，邮件内容自定，并将下载的最新计算机等级二级考试试卷及答案作为附件一并发送。

实验 2　计算机基础训练与打字练习

1.　实验目的

学会启动和关闭计算机，了解计算机的基本组成；熟悉计算机键盘；熟练使用键盘输入各种字母、符号、汉字和中文标点符号。

2.　实验要求

任务一：认识计算机的各个硬件。

任务二：启动和关闭计算机。

任务三：熟悉计算机键盘。

任务四：指法练习。

3.　操作步骤

【任务一】

学生进入机房后，在教师的指导下认识计算机硬件的各个部分。

【任务二】

（1）计算机的启动：按先外设，后主机的次序开启电源。

（2）计算机的关闭：先关闭主机，后关外设，检查各设备电源指示灯确实熄灭后，盖好防尘罩，填写上机登记册，方可下机。

【任务三】熟悉计算机键盘

键盘是用户向计算机输入数据和命令的介质，是实现人-机对话最基本的输入设备，同时也是计算机与外界交换信息的主要途径。正确掌握键盘的使用，是学好计算机操作的第一步。

按功能划分，可将 PC 键盘分为功能键区、主键盘区、编辑控制键区、副键盘区和状态指示区 5 个大区。用户最常用的是主键盘区，如图 8-2-1 所示。

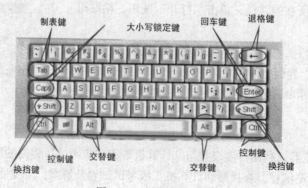

图 8-2-1　键盘主键盘区

（1）功能键区

① F1 ~ F12（功能键）：键盘上方区域，通常将常用的操作命令定义在功能键上，不同的软件中功能键有不同的定义。例如，<F1>键通常定义为帮助功能。

② Esc（退出键）：按下此键可放弃操作，如汉字输入时可取消没有输完的汉字。

③ Print Screen(打印键/拷屏键)：按此键可将整个屏幕复制到剪贴板；按<Alt>＋<Print Screen>组合键可将当前活动窗口复制到剪贴板。

④ Scroll Lock（滚动锁定键）：该键在 DOS 时期用处很大，在阅读文档时，使用该键能非常方便地翻滚页面。随着技术的发展，在进入 Windows 时代后，Scroll Lock 键的作用越来越小，不过在 Excel 软件中，利用该键可以在翻页键（如<PgUp>和<PgDn>）使用时只滚动页面而单元格选定区域不随之发生变化。

⑤ Pause Break（暂停键）：用于暂停执行程序或命令，按任意字符键后再继续执行。

（2）主键盘区

① 字母键：主键盘区的中心区域，按下字母键，屏幕上就会出现对应的字母。

② 数字键：主键盘区上面第二排，直接按下数字键，可输入数字，按住<Shift>键不放，再按数字键，可输入数字键中数字上方的符号。

③ Tab（制表键）：按此键一次，光标后移一固定的字符位置（通常为 8 个字符）。

④ Caps Lock（大小写转换键）：输入字母为小写状态时，按一次此键，键盘右上方 Caps Lock 指示灯亮，输入字母切换为大写状态；若再按一次此键，指示灯灭，输入字母切换为小写状态。

⑤ Shift（上挡键）：有的键面有上下两个字符，称双字符键。当单独按这些键时，则输入下挡字符。若先按住<Shift>键不放，再按双字符键，则输入上挡字符。

⑥ Ctrl、Alt（控制键）：与其他键配合实现特殊功能的控制键。

⑦ Space（空格键）：按此键一次产生一个空格。

⑧ Backspace（退格键）：按此键一次删除光标左侧一个字符，同时光标左移一个字符位置。

⑨ Enter（回车换行键）：按此键一次可使光标移到下一行。

（3）编辑控制键区

① Ins/Insert（插入/改写转换键）：按下此键，进行插入/改写状态转换，在光标左侧插入字符或覆盖光标右侧字符。

② Del/Delete（删除键）：按下此键，删除光标右侧字符。

③ Home（行首键）：按下此键，光标移到行首。

④ End（行尾键）：按下此键，光标移到行尾。

⑤ PgUp/PageUp（向上翻页键）：按下此键，光标定位到上一页。

⑥ PgDn/PageDown（向下翻页键）：按下此键，光标定位到下一页。

⑦ ←，→，↑，↓（光标移动键）：分别按下各键使光标向左、向右、向上、向下移动。

（4）副键盘区（小键盘区、辅助键区）

副键盘区各键既可作为数字键，又可作为编辑键。两种状态的转换由该区域左上角的数字锁定转换键<Num Lock>控制，当 Num Lock 指示灯亮时，该区处于数字键状态，可输入数字和运算符号；当 Num Lock 指示灯灭时，该区处于编辑状态，利用小键盘的按键可进行光标移动、翻页和插入、删除等编辑操作。

（5）状态指示区

状态指示区包括 Num Lock 指示灯、Caps Lock 指示灯和 Scroll Lock 指示灯。根据相应指示灯的亮灭，可判断出数字小键盘状态、字母大小写状态和滚动锁定状态。

【任务四】指法练习

进行键盘输入时无需用眼睛盯着键盘输入字符，关键在于对每个手指对应的键位的印象。包括键盘上键位的排列和手指分工两方面内容。键盘输入如同弹钢琴，10个手指各有分工。在进行计算机键盘输入练习时，眼睛看着原稿上的字符，经过大脑确定该字符使用的手指和要击打的键位，当输入一个字符后，再经过大脑确认输入是否正确。经过（眼-脑-手-脑）这四个环节的反复训练，逐渐使手形成条件反射，达到击键自如。

（1）打字姿势

正确的打字姿势是提高输入速度的首要因素，而且它可以使用户身体在打字过程中始终处于一个比较舒适的状态。它要求操作者做到：

① 坐姿要端正，手腕平直，头稍微前倾，大臂自然下垂；

② 肘部与上体相距10cm左右，上体与键盘相距20cm左右；

③ 手指自然弯曲，轻放于键盘上，其中左、右手的拇指轻放在空格键上，其余8个指头从左到右分别按顺序放在A S D F J K L；这八个基本键上；

④ 膝平放，两脚着地，全身自然放松，重心与椅子的重心基本上保持在同一条垂直线上；双眼视线应落在左边（或右边）的打印稿纸上。

⑤ 输入时，目光应集中在稿件上，凭手指的触摸确定键位，初学时尤其不要养成用眼确定指位的习惯。

（2）打字指法

正确的打字指法是：开始打字时，8个手指自然弯曲，轻放在A，S，D，F和J，K，L，；（分号）这八个基本键位上（基准键与手指的对应关系如图8-2-2所示）；在手指离开基本键敲击了其他字母键后，应立即回到基本键位上；击键时用力应轻重均匀，切忌忽轻忽重；最好采用"触觉打字法"，即敲击键时要靠手指的感觉而不是眼睛的视觉。掌握了以上几点，就基本上掌握了正确的打字方法，只要平时严格训练，就一定能够提高打字的速度及准确性。最重要的是，不论何时都要按照正确的打字方法操作。

图8-2-2　基准键与手指的对应关系

（3）手指的基本分工

左手食指：负责4，5，R，T，F，G，V及B这八个键

左手中指：负责3，E，D及C这四个键

左手无名指：负责2，W，S及X这四个键

左手小指：负责1，Q，A，Z这4个键以及Tab，Caps Lock，Shift等键

右手食指：负责6，7，Y，U，H，J，N及M这八个键

右手中指：负责8，I，K及，这四个键

右手无名指：负责9，O，L及．这四个键

右手小指：负责 0，P，;，/ 这四个键以及-，=，\，Back Space，[，]，Enter，'，Shift 等键

左手大拇指：负责空格键

指法分区如图 8-2-3 所示。

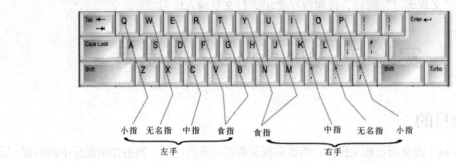

图 8-2-3　键位指法分区图

（4）数字键盘练习

将小键盘上的 Num Lock 键的指示灯按亮，此键盘则作为数字键盘使用。将右手食指放在 4，中指放在 5，无名指放在 6 上，此为基本键位。

（5）换挡键练习

利用换挡键打出下列字符：<，#，%，@（'，(，!，)，)，|，?，$，+，~，&，>及_。

字符没有按键盘次序排列，目的是练习左右两边的 Shift 键。注意不要用同一只手的两个手指来键入以上字符。例如键入<，>，(，)时，用左手小指按下 Shift 键，同时用右手的正确指法键入这些字符。绝不要用右手的小指按下 Shift 键，同时用右手中指键入<或)字符，因为这样势必使一只手的几个手指拉开较远，既不雅观也影响速度。

4. 实践题

（1）将右手食指、中指、无名指依次放在数字键盘 4，5，6 上，按如下格式练习 10 次：

C:\>456 654 456 654 414 474 525 585 636 696 404 6.6

（2）使用"金山打字通"指法练习软件进行打字练习，要求从基键开始，注意输入正确率的同时兼顾速度，循序渐进，直至熟练掌握盲打快速输入。具体练习项目如下：

① 熟悉基本键的位置

打开"金山打字通"软件，单击"英文打字"按钮，进入"键位练习（初级）"窗口，单击"课程选择"按钮，选择"键位课程一：asdfjkl;"课程，进行基本键位"A、S、D、F、J、K、L、;"的初级练习，熟练掌握后，进入"键位练习（高级）"窗口，单击"课程选择"按钮，选择"键位课程一：asdfjkl;"课程，进行基本键位"A、S、D、F、J、K、L、;"的高级练习。

② 熟悉键位的手指分工

打开"金山打字通"软件，单击"英文打字"按钮，进入"键位练习（初级）"窗口，单击"课程选择"按钮，选择"手指分区练习"课程，进行手指分区键位的初级练习，熟练掌握后，进入"键位练习（高级）"窗口，单击"课程选择"按钮，选择"手指分区练习"课程，进行手指分区键位的高级练习。

③ 单词输入练习

打开"金山打字通"软件，单击"英文打字"按钮，进入"键位练习（初级）"窗口，单击"单

词练习"，打开"单词练习"窗口，按照程序要求进行单词输入练习。

④ 文章输入练习

打开"金山打字通"软件，单击"英文打字"按钮，进入"键位练习（初级）"窗口，单击"文章练习"，打开"文章练习"窗口，按照程序要求进行文章输入练习。

实验 3　Windows 7 的使用

1. 实验目的

熟悉 Windows 7 的桌面及相关操作；熟练掌握资源管理器的使用；熟悉控制面板中的内容，并掌握部分系统设置的操作；熟悉 Windows7 中应用程序的启动；了解 Windows 7 系统的帮助系统。

2. 实验要求

任务一：熟悉 Windows 7 桌面。

任务二：掌握资源管理器的使用。

任务三：熟悉 Windows 7 控制面板。

任务四：熟悉 Windows 7 应用程序的启动。

任务五：学习使用 Windows 7 帮助系统。

3. 操作步骤

【任务一】熟悉 Windows 7 桌面

（1）启动 Windows 7 操作系统，计算机屏幕显示的所有内容就是 Windows 7 桌面，如图 8-3-1 所示。

（2）左下角有"开始"菜单，如图 8-3-2 所示，通过"开始"菜单可以完成程序启动、关机、注销用户等操作。

图 8-3-1　Windows XP 桌面

图 8-3-2　"开始"菜单

① 单击"开始"→"所有程序"→"附件"→"画图"，启动画图程序。

② 单击"开始"→"注销"，尝试切换用户登录。

③ 单击"开始"→"关闭计算机",关闭当前计算机系统。

（3）开始菜单右边是任务栏,任务栏分为快速启动栏、窗口按钮栏和系统托盘栏。通过快速启动栏中的按钮可以完成 Windows 应用程序的快速启动;窗口按钮栏显示当前用户打开的所有窗口,通过单击按钮可以在不同窗口之间切换;系统托盘栏显示系统中一些资源的状态,如网络连接、声音设备、防火墙等。

图 8-3-3　"任务栏"菜单

① 在任务栏上单击鼠标右键,弹出如图 8-3-3 所示"任务栏"菜单,选择"工具栏",分别选择"地址"、"链接"、"桌面",观察任务栏的变化。

② 单击鼠标右键任务栏菜单"属性",打开"任务栏和［开始］菜单属性"对话框,如图 8-3-4 所示,分别选择"锁定任务栏"、"自动隐藏任务栏"、"显示快速启动"等,观察任务栏的变化。

（4）桌面的大部分区域显示各种桌面图标,通过图标可以快速启动应用程序,打开文档,查看系统信息等。

① 双击"腾讯 QQ"图标,打开腾讯 QQ 程序,体验通过桌面图标快速启动程序。

② 在桌面空白处,单击鼠标右键,弹出如图 8-3-5 所示桌面快捷菜单,选择"排列图标",分别选择"自动排列"、"名称"、"大小"、"类型"等观察桌面图标排列的变化。

③ 双击"回收站"图标,打开回收站窗口,如图 8-3-6 所示,查看回收站中的内容,分别单击

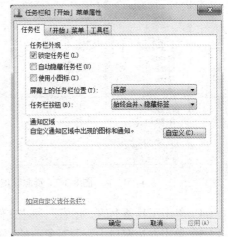

图 8-3-4　"任务栏和［开始］菜单属性"对话框

"清空回收站"和"还原所有项目",理解回收站的使用。在右边内容列表中选择某一项,单击鼠标右键,弹出菜单,分别选择"还原"、"删除"等,理解单项目的操作使用。

图 8-3-5　桌面菜单　　　　　　图 8-3-6　回收站窗口

【任务二】掌握资源管理器的使用

资源管理器是 Windows 系统的重要部分,对 Windows 文档的管理都可以在资源管理器中实现。单击任务栏上的"资源管理器"图标打开资源管理器窗口,如图 8-3-7 所示。

（1）单击菜单条上的"文件"、"编辑"、"查看"、"收藏"等菜单项,了解各个菜单子项目的

功能。

（2）单击工具条上的"回退"、"前进"、"向上"按钮，了解各种功能的使用。

（3）单击工具条上的⊞▾按钮，弹出下拉列表，如图 8-3-8 所示，分别选择"超大图标"、"大图标"、"中等图标"、"小图标"、"列表"、"详细信息"、"平铺"和"内容"菜单项，观察窗口列表的变化。

图 8-3-7　资源管理器窗口

图 8-3-8　"查看"下拉列表

（4）单击工具条上的"搜索"和"文件夹"按钮，观察窗口左边部分的变化。

（5）单击左边窗口中资源对象前的"+"图标可以展开下级资源，再单击"—"按钮可以将下级资源折叠。

（6）选中资源对象单击鼠标右键，弹出对象右键快捷菜单，如图 8-3-9 所示，分别单击"展开（折叠）"、"复制"、"重命名"、"属性"功能，体验各种功能的使用。

（7）在资源管理器的搜索栏输入想查找的内容，单击"搜索"按钮，观察搜索结果的生成。再变换不同条件体验搜索功能的使用。

图 8-3-9　右键快捷菜单

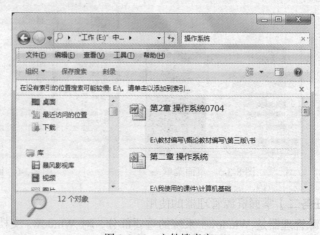

图 8-3-10　文件搜索窗口

（8）在右边窗口空白处单击右键，弹出菜单，单击"查看"、"排列图标"项查看窗口内容的变化。单击"粘贴"项，体会文件拷贝功能的使用。单击"新建"项，在弹出子项中分别选择"文件夹"、"文本文件"，体会该功能的使用。

【任务三】熟悉 Windows 7 控制面板

（1）单击"开始"菜单中的"控制面板"，打开控制面板窗口，如图 8-3-11 所示。

（2）在控制面板窗口中单击"外观"，如图 8-3-12 所示。在"显示"栏目中选择不同的功能，观察 Windows 窗口变化。如调整屏幕分辨率、更改桌面背景等。

图 8-3-11　控制面板分类视图窗口

图 8-3-12　外观

（3）在控制面板窗口中单击"时钟、语言和区域"选项，如图 8-3-13 所示。选择不同功能，体验"设置时间和日期"、"更改日期、时间或数字格式"等功能。如图 8-3-14 所示设置时间和日期对话框。

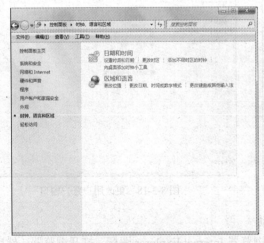

图 8-3-13　"区域与语言选项"窗口

图 8-3-14　设置时间和日期对话框

（4）在控制面板窗口中单击"系统和安全"选项，体验查看操作系统版本、CPU 和内存的信息。在"计算机名"选项卡中可以修改当前计算机在网络中使用的名称，如图 8-3-15 所示。

（5）在控制面板窗口中单击"程序"图标，体验"卸载程序"、"查看已安装的更新"、"如何安装程序"等功能。

图 8-3-15　"系统属性"窗口

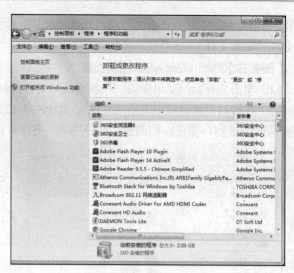

图 8-3-16　"卸载或更改程序"窗口

（6）在控制面板窗口中单击"用户账户和家庭安全"选项，如图 8-3-17 所示。体验"更改账户"、"更改 Windows 密码"等功能。如"更改账户"就是对账户的详细信息进行修改，单击该功能后会出现选择用户窗口，单击要修改的账户，则弹出账户详细信息修改窗口，如图 8-3-18 所示。在该窗口中可以更改账户名称、密码、使用图片、账户类型等账户信息。

图 8-3-17　"用户账户"管理窗口

图 8-3-18　更改用户账户窗口

【任务四】熟悉 Windows 7 应用程序的启动

（1）从桌面上启动应用程序。双击桌面上浏览器 Internet Explorer 图标，打开浏览器，然后单击窗口"关闭"按钮退出应用程序。

（2）从"开始→程序"项启动应用程序。选择菜单"开始→程序→附件"启动画图应用程序，在任务栏上右键单击画图应用程序按钮，在弹出的快捷菜单中选择"关闭"，退出画图应用程序。

（3）从"开始→附件→运行"启动应用程序。选菜单"开始→附件→运行"项，在弹出的"运行"对话框的"打开"文本框中输入写字板应用程序的路径和文件名，按"确定"按钮，启动写字板应用程序，并将窗口还原。

（4）从资源管理器启动应用程序。打开资源管理器找到计算器应用程序文件 C:\WINNIT\

SYSTEM32\Cale.exe，双击该文件名或右键单击后在快捷菜单中选择"打开"，启动计算器应用程序，并将窗口还原。

在资源管理器窗口中找到记事本应用程序文件 C:\WINNIT\SYSTEM32\NotePad.exe，选中它，再选择菜单"文件→打开"，启动记事本应用程序，并将窗口还原。

【任务五】学习使用 Windows 7 帮助系统

（1）单击"开始"菜单中的"帮助和支持"，打开"Windows 帮助和支持"窗口，如图 8-3-19所示。

（2）单击"目录"按钮，浏览相关内容，选择"安全和隐私"选项，打开相关内容窗口，如图 8-3-20 所示。

（3）单击右侧的"保护您的计算机"，显示相关内容的详细的内容。

（4）在"搜索"输入窗口中输入想查找的内容，如"密码"，单击搜索按钮，则搜索到的相关主题在窗口下方列出，单击获取相关的帮助信息。

图 8-3-19　Windows 帮助和支持

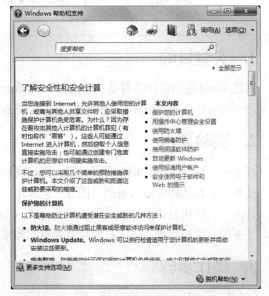

图 8-3-20　"了解安全性和安全计算"相关内容窗口

4. 实践题

（1）Windows 7 基本操作。要求如下：

① 改变桌面背景图案为"Windows 7"；

② 利用"开始"按钮，启动画图应用程序绘制任意图形，并以"123"为文件名，保存在 D:\test文件夹中；

③ 分别打开"写字板"和"画图"应用程序，练习对两个应用程序窗口的切换；

④ 查找 C 盘中文件扩展名为.bmp 的文件；

⑤ 利用 Windows 7 的帮助系统，查找有关"剪贴板"的操作说明；

⑥ 在桌面上创建 Wordpad.exe 应用程序快捷方式图标，按"修改时间"排列桌面图标。

（2）资源管理器的使用。要求如下：

① 启动资源管理器，浏览 C 盘，改变文件及文件夹的显示为"小图标"方式；

② 在 D 盘根目录下建立一个名字为 xyz 的文件夹；

③ 将 C:\Windows 文件夹中的文件扩展名为.bmp 的文件复制到 D:\xyz 文件夹中；

④ 选择 D:\xyz 文件夹中的一个文件，浏览其属性并将其改为"只读"属性；

⑤ 选择 D:\xyz 文件夹中的一个文件，将其删除，再将其恢复；

⑥ 格式化一张磁盘。

（3）控制面板操作。要求如下：

① 创建一个新用户为标准用户；

② 添加打印机；

③ 利用"卸载程序"删除 Office 应用程序，并重新安装；

④ 利用"系统和安全"中的"系统"查看计算机系统的相关属性。

实验 4　中文 Word 2010 的使用

1. 实验目的

熟悉 Word 应用程序的启动和退出；掌握 Word 文档的建立、保存、编辑、插入图片与艺术字、绘制图形与表格、图文混排、打印预览等基本操作。

2. 实验要求

任务一：启动 Word 2010 应用程序，进行文档编辑。

任务二：在文档中插入表格、图片、艺术字。

任务三：运用设置页格式、设置段落格式、图文混排等各种排版技巧。

任务四：文档存盘，进入打印预览观察打印效果，并做适当的版面调整，并打印文档。

3. 操作步骤

【任务一】Word 2010 的启动、编辑和保存

（1）Word 2010 的启动

可以采用以下任一方式启动 Word 2010 应用程序：

① 执行"开始"→"所有程序"→"Microsoft Office"→"Microsoft Office Word 2010"命令；

② 双击桌面上的 Word 快捷图标，即可打开 Word 2010 应用程序窗口；

③ 使用"新建 Microsoft Word 文档"创建 Word 文档。

（2）Word 文档的编辑

① 在光标插入点输入如图 8-4-1 所示的内容；

② 将光标移至第一自然段开头"计算机等级考试"字样后，及"全国计算机等级考试设四个等级"字样后，分别按 Enter 键；

③ 将插入点移到每个自然段"计算机等级考试"前面，按"tab"键；

④ 选中"计算机等级考试"字样，在"格式"菜单中选择"字体"命令弹出的"字体"对话框，选择"隶书"、"加粗"、"四号"、"居中"、文本为"红色"后单击"确定"退出，效果图如图 8-4-2 所示。

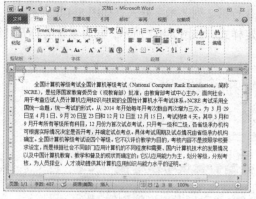
图 8-4-1　输入内容

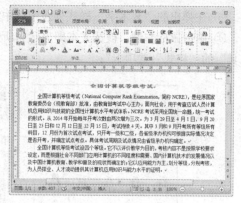
图 8-4-2　文本编辑后的效果图

（3）文档的保存

① 选择"文件"选项卡中的"保存"命令按钮，弹出如图 8-4-3 所示的"另存为"对话框；

图 8-4-3　文档的保存

② 确定文档的保存位置；

③ 在"文件名"框中输入"计算机等级考试.docx"；

④ 在"保存类型"框中选择"Word 文档(*.docx)"；

⑤ 单击"保存"按钮完成。

【任务二】插入表格、艺术字、图片

（1）插入表格

① 将光标置于文档中要插入表格的位置；

② 选择"插入"选项卡中的"表格"命令按钮，弹出如图 8-4-4 所示的"插入表格"对话框；

③ 设置表格参数及样式，如 5 行 2 列、固定列宽等；

④ 单击"确定"按钮；

⑤ 在生成表格的对应单元格输入相关内容，如图 8-4-5 所示。

图 8-4-4　"插入表格"对话框

（2）插入艺术字

① 选中"计算机等级考试.docx"文档标题"计算机等级考试"字样；

② 单击"插入"选项卡中的"艺术字"命令按钮；

计算机等级	特点
一级	
二级	
三级	
四级	

图 8-4-5　单元格输入

③ 在弹出的"艺术字"样式列表中选中第 3 行第 2 列艺术字样式，如图 8-4-6 所示；

④ 单击鼠标左键，被选文本即显示为所选定样式，如图 8-4-7 所示，同时系统会打开"绘图工具"的"格式"选项卡；

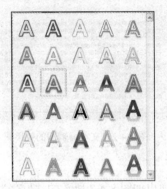

图 8-4-6 "艺术字库"对话框　　　　　图 8-4-7 编辑"艺术字"文字对话框

⑤ 根据需要设置艺术字的格式；

⑥ 在文档空白处单击，设置生效。

（3）插入图片

① 将光标置于插入图片处；

② 单击"插入"选项卡中的"图片"命令按钮，弹出如图 8-4-8 所示的"插入图片"对话框；

③ 选择要插入的图片；

④ 单击"插入"按钮完成。

在"计算机等级考试"文档中插入表格、艺术字及图片后的最终效果如图 8-4-9 所示。

图 8-4-8 "插入图片"对话框　　　　图 8-4-9 插入表格、艺术字及图片后的效果图

【任务三】运用页面格式化、段落格式化、图文混排等各种排版技巧

（1）设置页格式

① 选择"页面布局"选项卡中"页面设置"功能组单击；

② 根据需要设置页边距和方向；

③ 单击"确定"按钮退出。

（2）设置段落格式

① 选中要格式化的文本内容；

② 选择"开始"选项卡中的"段落"功能组右下角的按钮 单击，弹出"段落"对话框，如图 8-4-10 所示；

③ 在"缩进和间距"选项中根据需要设置对齐方式、首行缩进、段落前后间距、行距等；

④ 单击"确定"按钮退出。

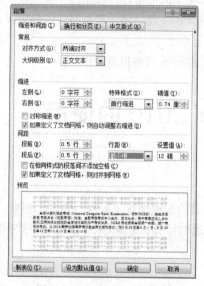

图 8-4-10　"段落"对话框

图 8-4-11　文档中图文混排的效果图

（3）图文混排

① 选中图片，单击右键弹出快捷菜单；

② 选择"自动换行"下级菜单中的"四周型环绕"命令；

③ 当光标置于图片上并呈垂直十字光标时，移动图片到适当的位置。将文档中的文本与图片混合排版，效果如图 8-4-11 所示。

【任务四】打印预览，文档存盘与打印

（1）打印预览

可以采用以下任一方式启动打印预览：

① 选择"文件"选项卡中的"打印"命令；

② 按组合键"Ctrl+F2"或组合键"Ctrl+P"。

（2）文档存盘

对打印预览的效果满意之后，单击"文件"选项卡中的"保存"命令按钮保存文档。

（3）文档打印

① 选择"文件"选项卡中的"打印"命令或按组合键"Ctrl+P"或按组合键"Ctrl+F2"，弹出"打印"面板；

② 确定要打印的"页码范围"及打印"份数"；

③ 设置文档方向、打印页序及打印纸张等属性；

④ 单击"打印"按钮进行打印。

4. 实践题

以"我的家乡"为题，制作一份 Word 文档的宣传海报（图片和文字资料上网查找）。具体要求如下：

① 输入有关家乡的文字介绍，在文本输入过程中练习各种编辑操作；

② 在正文输入完成后生成一个表格，用于统计家乡的特产、旅游景点等信息；

③ 文章标题用艺术字显示；章、节标题与正文采用不同的字体并加粗；

④ 将插入图片、插入文本框、绘制图形等操作结合在一起，将设置页格式、设置段落格式、分节、分栏、图层设计、首字下沉等各种排版技巧都运用上。

⑤ 文件存盘，然后进入打印预览观察打印效果，并做适当的版面调整。

实验 5　中文 Excel 2010 的使用

1. 实验目的

了解建立 Excel 工作簿的方法；学会 Excel 工作表的编辑操作（输入、插入、删除、移动、复制等）；掌握对工作表进行格式化；掌握 Excel 工作表的计算；掌握 Excel 工作表中数据的排序、图表制作、筛选和分类汇总的操作。

2. 实验要求

任务一：启动 Excel 应用程序，进行工作表编辑。

任务二：工作表格式化。

任务三：工作表中数据的相关计算。

任务四：工作表中图表制作，数据排序、筛选和分类汇总操作。

3. 操作步骤

【任务一】启动 Excel 应用程序，进行工作表编辑

（1）启动 Excel 应用程序

可以采用以下任一方式启动 Excel 2010 应用程序：

① 执行"开始"→"所有程序"→"Microsoft Office"→"Microsoft Office Excel 2010"命令。

② 双击桌面上的 Excel 快捷图标，即可打开 Excel 2010 应用程序窗口。

③ 利用右键快捷菜单中的"新建 Excel 工作表"启动。

④ 通过已经创建的 Excel 文档启动。

（2）在工作表中输入数据

① 在新建的工作簿窗口中，选择相应的工作表。

② 单击要输入数据的单元格。

③ 在选中的单元格中输入数据。

④ 单击选中下一个单元格或按"Enter"键，亦或通过移动方向键选择下一个单元格，方可输入生效。

【任务二】工作表的格式化

（1）设置行高和列宽

① 鼠标拖动法

● 打开工作簿文件。

● 在工作表的行号（或列号）框内，移动鼠标指针到行与行（或列与列）的分隔线处，当鼠标指针呈水平带上下（或垂直带左右）箭头状时，按住鼠标左键不放向下（或向右）拖动，直到达到所需的行高（或列宽）后释放鼠标左键。

② 菜单法

● 打开工作簿文件。

● 选中要调整的行（或列）。

● 单击“开始”选项卡的“单元格”功能组中的“行高…”命令按钮和“列宽…”命令按钮，分别弹出“行高”对话框和“列宽”对话框，如图 8-5-1 和图 8-5-2 所示。

图 8-5-1　“行高”对话框　　图 8-5-2　“列宽”对话框

● 在“行高（或列宽）”对话框中输入设定的行高（或列宽）值，例如，行高值为 20，列宽值为 10。

● 单击“确定”按钮，“行高”与“列宽”设置生效。

（2）设置单元格格式

① 选定需要设置的单元格或单元格区域。

② 单击“开始”选项卡的“单元格”功能组中的“设置单元格格式”命令按钮，弹出如图 8-5-3 所示的“单元格格式”对话框；

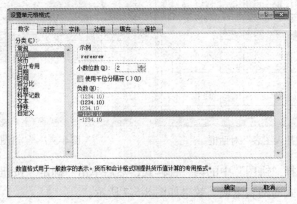

图 8-5-3　“单元格格式”对话框

③ 根据需要对“单元格格式”对话框中的“数字”、“对齐”、“字体”、“边框”、“图案”、“保护”6 个标签选项分别进行设置。

【任务三】在 Excel 工作表中进行数据的计算

（1）打开工作簿。

（2）单击存放计算结果的单元格，选择单元格 F3，在该单元格或相应的编辑栏中输入公式（如：=SUM(C3:E3)）后，按 Enter 键实现计算结果输入。

（3）移动鼠标指针指向 F3 单元格的右下角，当鼠标指针呈一个实心的十字型时，拖动鼠标向下到相应的行或列，如移到 F7 单元格，实现自动填充的公式计算，如图 8-5-4 所示。

【任务四】在 Excel 工作表中进行图表制作，数据的排序、筛选和分类汇总

（1）Excel 工作表中图表的制作

① 启动 Excel 2010，打开工作簿，选中用于创建图表的数据，如图 8-5-5 中的 B2：B6 和 F2：F7。

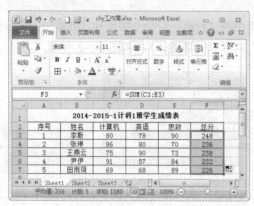

图 8-5-4　用公式进行计算后的工作表　　　　图 8-5-5　图表数据源选择后的工作表

② 单击"插入"选项卡下的"图表"组右边的创建按钮，弹出如图 8-5-6 所示的"插入图表"对话框。

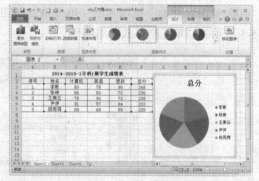

图 8-5-6　"插入图表"对话框　　　　图 8-5-7　"饼图"图表效果

③ 在对话框中选择"饼图"中的第一种样式，然后单击"确定"按钮。

④ 嵌入式饼图样式的图表生成，效果如图 8-5-7 所示。

（2）Excel 工作表中数据的排序

① 在数据清单中选定排序数据所在的单元格区域（如图 8-5-5 中的 F3：F7），或选中要排序的数据清单中任一单元格。

② 单击"布局"选项卡中"数据"组中的"排序"按钮，打开如图 8-5-8 所示的"排序"对话框。

图 8-5-8　"排序"对话框

③ 在"排序"对话框中选择要排序的"主要关键字"字段，选择"总分"选项。

④ 选择"排序依据"为"数值"，次序为"升序"。

⑤ 勾选"数据包含标题"选项。

⑥ 单击"确定"按钮完成，排序效果如图 8-5-9 所示。

（3）Excel 工作表中数据的筛选

① 打开工作簿文件，单击列表中的任一单元格。

② 单击"数据"选项卡下"排序和筛选"组中的"筛选"按钮 。此时，在每个列标题的右侧出现一个向下的黑色筛选箭头，如图 8-5-10 所示。

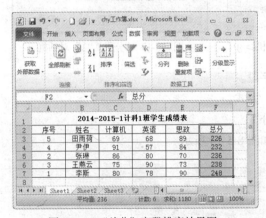

图 8-5-9　"总分"字段排序效果图

图 8-5-10　自动筛选的界面

③ 单击某字段（如"计算机"）右侧下拉列表按钮，在下拉列表中单击"数字筛选"选项，并单击"自定义筛选"选项，弹出如图 8-5-11 所示的"自定义自动筛选方式"对话框。

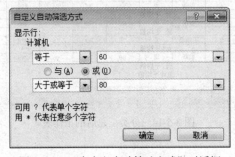

图 8-5-11　"自定义自动筛选方式"对话框

④ 根据需求设置筛选条件。

⑤ 单击"确定"按钮，完成自定义筛选，筛选效果如图 8-5-12 所示。

（4）Excel 工作表中数据的分类汇总

① 打开工作簿文件。

② 选中数据清单中任一单元格。

③ 单击"数据"选项卡下"分级显示"组中的"分类汇总"命令按钮 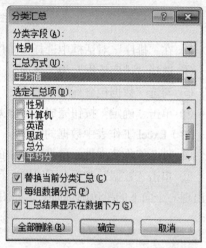，弹出"分类汇总"对话框，如图 8-5-13 所示。

图 8-5-12　自定义筛选效果图（计算机=60 或计算机≥80）

图 8-5-13　"分类汇总"对话框

④ 在"分类字段"列表框中选择"性别"字段。

⑤ 在"汇总方式"列表框中选择"平均值"方式。

⑥ 在"选定汇总项"列表框中选择"平均分"。

⑦ 单击"确定"按钮完成。分类汇总效果如图 8-5-14 所示。

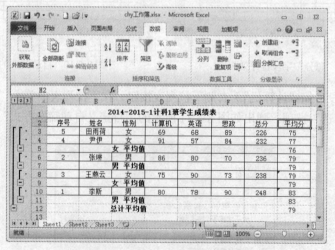

图 8-5-14　分类汇总后的工作表

4. 实践题

应用中文 Excel 软件输入和格式化表格并制作成所要求的图表。

（1）打开 Excel 工作表，建立如下所示的表格。

学生成绩一览表

姓名	性别	生日	年龄	年级	语文	数学	外语	思政	平均分	助学金	奖金	总额
王明	男			2	89	98	92	87				

（2）要求在表格中输入 3 个学生的基本情况。注意：平均、助学金、奖金和总额不用输入。

（3）调整列宽，使每一列都符合宽度要求。

（4）设置生日为 1994-10-18 的形式，并根据生日计算出学生的年龄（使用 year 函数）。

（5）根据学生的三科成绩，计算出学生的平均分。

（6）利用 if 函数计算出每位同学获得的奖金。规定：平均分为≥90 的学生奖励 100 元，平均分≥80 且<90 的学生奖励 80 元，平均分≥60 且<80 的学生奖励 50 元。

（7）利用 if 函数计算出每位同学的助学金。规定：1 年级学生助学金为 200 元，2 年级助学金为 300 元，3 年级助学金为 400 元。

（8）利用 sum 求和函数计算出助学金和奖金数的总金额。

（9）在 B8：D8 中依次注明：语文、数学和政治，在 A9：A12 中依次注明：优秀、良好、合格、不及格。利用 countif 函数分别对语文、数学和思政进行频度分析，并将其统计结果放置于相应的单元格中。

（10）根据步骤（9）得到的统计结果作出相应的图表，图表类型为不限，图表标题为"学生成绩统计图"。

（11）要求工作表的标题采用黑体，并在 A ~ M 列跨列置中。

（12）按照平均分对学生成绩进行从高到低排序，成绩一样的学生按升序排列。

（13）将此 Excel 工作簿以"14 级计科 1 班张三.xlsx"的形式保存备查。

实验 6 中文 PowerPoint 2010 的使用

1. 实验目的

学会用中文 PowerPoint 2010 制作演示文稿，熟练掌握在演示文稿中插入图片和动画设置的方法，掌握 PowerPoint 文档中超链接的设置，熟练掌握幻灯片切换的方法及其放映。

2. 实验要求

（1）启动 PowerPoint 2010 应用程序，进行文稿编辑。

（2）在演示文稿中插入一些图形、图片进行烘托。

（3）插入自定义动画，以使整个文稿有动画感。

（4）设置幻灯片的切换方式。

（5）为演示文稿设置背景音乐。

3. 操作步骤

【任务一】启动 PowerPoint 2010 应用程序，进行文稿编辑

（1）PowerPoint 2010 的启动

可以采用以下任一方式启动 PowerPoint 2010 应用程序：

① 执行"开始"→"所有程序"→"Microsoft Office"→"Microsoft Office PowerPoint 2010"命令。

② 双击桌面上的 PowerPoint 快捷图标，打开 PowerPoint 2010 应用程序窗口。

③ 使用已有的演示文稿启动 PowerPoint 2010 应用程序。

图 8-6-1 "插入图片"对话框

（2）文稿编辑

在幻灯片的占位符或文本框中输入文本，如图 8-6-1 所示。若需要增添新幻灯片可以执行如下操作：

① 将光标放入要插入幻灯片处；

② 选择"插入"菜单下的"新幻灯片"命令或直接按 Enter 键。

【任务二】在演示文稿中插入图片进行烘托

① 选择单击"插入"选项卡下"图像"功能组中的"图片"命令按钮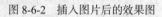→弹出"插入图片"对话框，如图 8-6-1 所示。

② 选择需要插入的图片，如企鹅。jpg。

③ 单击"插入"按钮完成，效果如图 8-6-2 所示。

图 8-6-2 插入图片后的效果图

④ 对图片的位置、大小尺寸、层次关系等做进一步的处理，使其美观大方。

【任务三】在演示文稿中加入动画效果

① 选中要添加动画的对象。

② 单击"动画"选项卡中"添加动画"命令按钮，弹出如图 8-6-3 所示的"添加动画"下拉列表。

图 8-6-3 "添加动画"下拉列表

③ 在"添加动画"下拉列表中选择一种动画效果。

④ 单击"动画"选项卡中的"动画窗格"命令按钮，打开如图 8-6-4 所示的动画窗格。

⑤ 通过"动画窗格"进一步设置该动画的属性（如计时、声音效果等）。

⑥ 如果要对其他元素设置动画效果，则重复①~⑤步骤。

【任务四】设置幻灯片的切换方式

① 选中要设置切换效果的幻灯片。

② 单击"切换"选项卡，打开"切换到此幻灯片"的任务窗格，如图 8-6-5 所示，单击选择某种切换方式，如"棋盘"。

图 8-6-4　"动画窗格"任务窗格

图 8-6-5　"幻灯片切换"任务窗格

③ 如果要为幻灯片切换效果设置音效，则可打开"声音"下拉列表框，在其中选择一种声音，如"风铃声"。

④ 如果要为幻灯片切换效果设置持续时间，可以直接输入或利用"持续时间"命令后的微调按钮进行调整。

⑤ 单击"全部应用"命令按钮，整个演示文稿中的所有幻灯片都按相同的切换方式呈现。否则只针对当前被选中的幻灯片有效。

⑥ 在"换片方式"命令组中可以选择幻灯片的切换方式，如果想要手动切换，则选中"单击鼠标时"复选框；如果要设置自动切换方式，则选中"设置自动换片时间"复选框，并在后面的文本框中输入间隔时间。

⑦ 单击"预览"按钮可以预览所设置的切换效果。

【任务五】为演示文稿设置背景音乐

① 将光标置于要插入音乐处。

② 选择"插入"选项卡中"媒体"功能组中的"音频"命令按钮 的下拉按钮，显示其下拉列表菜单，如图 8-6-6 所示。

③ 选择相应的音频来源，此处选择"文件中的音频"，弹出"插入音频文件"对话框（如图 8-6-7 所示）。

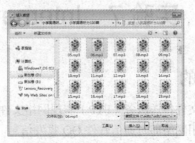

图 8-6-6　"音频"下拉列表　　　图 8-6-7　"插入音频"对话框

④ 选中需要插入的音频文件，单击"插入"按钮，效果如图 8-6-8 所示。

图 8-6-8 音频插入后的效果图

⑤ 选中插入的音频文件图标，单击打开"音频工具"选项卡中的"播放"子选项卡，如图 8-6-9 所示。

图 8-6-9 "音频工具"的"播放"子选项卡

⑥ 根据个人所需设置各参数，完成演示文稿的背景音乐插入。

4. 实践题

以"个人简历"为主题，应用中文 PowerPoint 2003 软件制作一个演示文稿。要求：
① 插入表格，将个人基本信息罗列其中。
② 插入一些图形、图片进行烘托。
③ 插入自定义动画，以使整个文稿有动感。
④ 设置幻灯片的切换方式。
⑤ 为该演示文稿设置背景音乐。

实验 7　Internet 综合应用

1. 实验目的

掌握如何通过文件传送服务（FTP）实现网络文件的下载和上传操作，掌握如何运用 BBS 和虚拟社区，学会使用网络即时通信软件 QQ 收发信息。

2. 实验要求

任务一：利用浏览器访问某个匿名 FTP 服务器，并下载感兴趣的文件。

任务二：登录到虚拟社区（如天涯虚拟社区 http://www.tianya.cn/），申请一个用户名并设置密码，使用虚拟社区提供的各种服务。

任务三：使用网络即时通信软件 QQ 收发信息。

3. 操作步骤

【任务一】

（1）运行 IE 浏览器，在地址栏中输入 FTP 服务器地址，比如微软公司的 FTP 服务器 ftp://ftp.microsoft.com/。

（2）按"回车"键，观察 IE 浏览器窗口右上角 📶 图标开始转动，一旦停止，浏览器即完成了登录指定服务器的工作，如图 8-7-1 所示。

（3）此时窗口的结构与文件夹窗口是相似的，操作方式与文件夹窗口也一致。可以在各个文件夹中浏览信息，找到感兴趣的文件后，直接用复制粘贴的方法就能下载到本地硬盘中。

【任务二】

（1）启动 IE 浏览器，在地址栏中输入天涯虚拟社区网址 http://www.tianya.cn/。

（2）按回车键进入天涯虚拟社区主页，如图 8-7-2 所示。

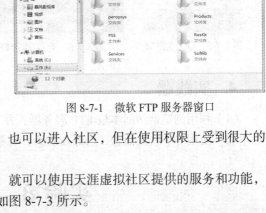

图 8-7-1　微软 FTP 服务器窗口

（3）单击页面上的"用户注册"按钮，按照提示注册账号。如果单击的是"浏览请进"按钮，也可以进入社区，但在使用权限上受到很大的限制，不能发表文章，只能浏览。

（4）注册成功后，以自己的账号和密码登录，就可以使用天涯虚拟社区提供的服务和功能，享受一个正式的用户的所有权限。登录后的界面如图 8-7-3 所示。

图 8-7-2　天涯虚拟社区主页

图 8-7-3　进入天涯社区

【任务三】

（1）在 IE 的"地址"栏输入腾讯网站免费下载的地址 http://pc.qq.com/，下载网络即时通信软件 QQ，并且安装到硬盘。

（2）启动以后，如图 8-7-4 所示。单击"注册账号"，根据提示申请一个 QQ 号码，并登录。

（3）弹出 QQ 主窗口，如图 8-7-5 所示。单击"查找"按钮，将自己朋友的 QQ 号，加入为好友，如图 8-7-6 所示。

（4）与朋友用 QQ 在网上联络，收发信息，如图 8-7-7 所示。

图 8-7-4　QQ 用户登录界面

图 8-7-5　QQ 主窗口　　　　图 8-7-6　查找/添加好友　　　　图 8-7-7　聊天窗口

4. 实践题

（1）利用浏览器访问本校 FTP 服务器，并下载感兴趣的文件。

（2）使用 QQ 收发信息，与好友聊天；有条件的情况下进行音频和视频聊天。

实验 8　网页制作

1. 实验目的

掌握使用 HTML 语言制作简单的 Web 文档。掌握使用 Adobe Dreamweaver CS5 制作简单网页的基本方法。

2. 实验要求

任务一：利用记事本编写一段 HTML 代码（内容自定），制作简单的 Web 文档。

任务二：使用 Adobe Dreamweaver CS5 创建一个简单的网站。要求有 3 个页面。第 1 页上要有"欢迎光临"的字幕，并且有到其他页的超链接，单击链接可以进入其他页面；第 2 页为家乡的图片；第 3 页为家乡的介绍。

3. 操作步骤

【任务一】

（1）打开记事本，编写 HTML 代码，内容自定，如图 8-8-1 所示。然后以扩展名.htm 或.html 存盘，如存为 test.htm 文件。

（2）双击打开 test.htm 文件，会在 IE 窗口打开，效果如图 8-8-2 所示。

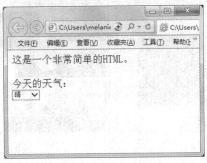

图 8-8-1　用记事本编辑 html 代码　　　　　图 8-8-2　　效果显示

【任务二】

（1）启动 Adobe Dreamweaver CS5，选择"站点"菜单下的"管理站点"菜单项，弹出"管理站点"对话框。在"管理站点"对话框中，单击"新建"，然后从弹出的菜单中选择"站点"。弹出"站点定义"对话框。

（2）在文本框中，输入"mysite"，再切换到"高级"选项卡，进行本地信息的配置。设置完成并单击"确定"按钮后，就建成了一个本地站点，此时回到"管理站点"对话框，在右侧的面板中出现了一个新的站点 mysite。

（3）新建一个页面。命名为 index.html。编辑页面，如图 8-8-3 所示。

图 8-8-3　新建 index.htm 页面

（4）用同样的方法再创建其他的网页文件：hometown.html，introduce.html 等。

（5）在窗口右侧站点本地视图中选中 mysite 站点，单击右键，从弹出的菜单中选择"新建文件夹"命令，在当前站点中创建一个文件夹，并重命名为 images，作为图片素材文件夹。

（6）打开 index.htm 文件，通过"插入"菜单为"欢迎光临我的网站！"建立一个超链接，链接至 hometown.html 页面。再打开 hometown.html 文件，用相同的方法为图片设置超链接连接至 introduce.html 页面。

（7）保存所有网页。再打开 index.html 网页，选择"文件"菜单下"在浏览器中预览"菜单项下的"iexplore"，就可以在 IE 浏览器中查看设计的网站效果。可通过单击链接进入 hometown 和 introduce 页面，以及 IE 工具栏上的"前进"、"后退"按钮在不同页面中切换，如图 8-8-4 所示。

（a）　　　　　　　　　　（b）　　　　　　　　　　（c）

图 8-8-4　演示效果

4. 实践题

使用 Adobe Dreamweaver CS5 创建一个（至少 4 个页面）专题网站（如美食网站）。主页上要有对整个网站主体内容的介绍，其他页面可以将主题展开，分类介绍，要求插入图片，使用超级链接、表格等元素。

实验 9　Access 数据库的应用

1. 实验目的

熟悉和掌握 Access2010 数据库系统的使用，学会在 Access 中建立表、查询、窗体、报表等数据库对象的方法。

2. 实验要求

任务一：在 Access 中，创建"学生成绩管理"数据库。用"使用设计器创建表"建立学生表、课程表和成绩表。在每个表中至少输入 5 条记录。其中，"学生"表的主键为学号，"课程"表的主键为课程 ID，"成绩"表的主键为课程 ID 和学号。3 个表的字段和数据类型分别如表 8-9-1、表 8-9-2 和表 8-9-3 所示。

表 8-9-1　　　　　　　　　　　　学生表中的字段和数据类型

字段名称	字段类型	字段大小
学号	文本	6
姓名	文本	8

续表

字段名称	字段类型	字段大小
性别	文本	2
出生日期	日期/时间	
籍贯	文本	20
入学成绩	数字	整型

表 8-9-2　　　　　　　　　　课程表中的字段和数据类型

字 段 名 称	字 段 类 型	字 段 大 小
课程 ID	文本	6
课程名称	文本	20
学时	数字	整型
教材	文本	20

表 8-9-3　　　　　　　　　　成绩表中的字段和数据类型

字 段 名 称	字 段 类 型	字 段 大 小
课程 ID	文本	6
学号	文本	6
成绩	数字	整型

任务二：在"学生成绩管理系统"数据库中建立一个"成绩查询"查询，查找并显示"学号"、"姓名"、"课程名称"和"成绩"字段信息。

任务三：使用 SQL 查询，查询"大学计算机基础"成绩不及格的同学。

任务四：创建一个学生成绩的窗体。在窗体中包含学生的学号、姓名、所选的课程名称及成绩。

3. 操作步骤

【任务一】

（1）启动 Access 2010，在可用模板处选择"空数据库"，弹出"文件新建数据库"对话框。将文件命名为"学生成绩管理系统"，选择好保存位置，单击"创建"按钮，完成数据库的创建。

（2）新建一个空数据库时，系统会默认创建一个空表，名为"表 1"，保存这个表，命名为"学生"，再将数据表视图切换到设计视图。按照要求定义每个字段的名字、类型、长度和索引等相关内容。如图8-9-1 所示。

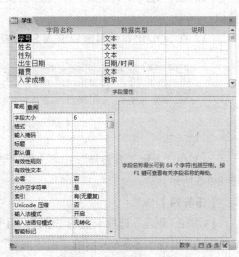

图 8-9-1　表结构定义窗口

（3）按照同样的方法创建另外两张表：课程表和成绩表。

（4）双击表名，分别向 3 个表中输入记录。

【任务二】

（1）在"创建"选项卡中选择"查询设计"按钮，工作区会出现一个名为"查询 1"的新建查询，并出现"显示表"对话框。

（2）在"显示表"对话框中选择"成绩表"、"课程表"和"学生表"，单击"关闭"按钮。然后在"查询"窗口"字段"框中分别选择"学号"、"姓名"、"课程名称"和"成绩"4 个字段，如图 8-9-2 所示。

（3）在"查询工具设计"选项卡的"结果"功能区选择"运行"命令，会出现运行结果，如图 8-9-3 所示。

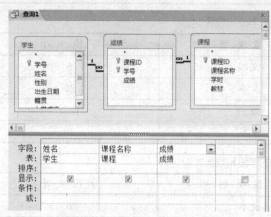

图 8-9-2　定义成绩查询窗口　　　　　　　　图 8-9-3　成绩查询结果窗口

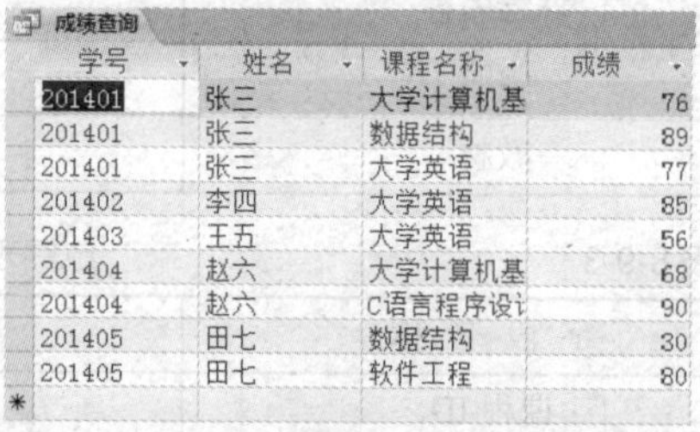

（4）保存查询，命名为"成绩查询"。

【任务三】

（1）在"创建"选项卡中选择"查询设计"按钮，工作区会出现一个名为"查询 1"的新建查询，并出现"显示表"对话框。

（2）在"查询工具设计"功能区切换查询的设计视图为"SQL 视图"。打开 SQL 语言编辑窗口。

（3）在 SQL 语言编辑窗口输入 SQL 查询，如图 8-9-4 所示。

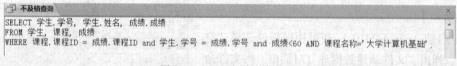

图 8-9-4　SQL 语言编辑窗口

（4）在"查询工具设计"选项卡的"结果"功能区选择"运行"命令，会出现运行结果，如图 8-9-5 所示。

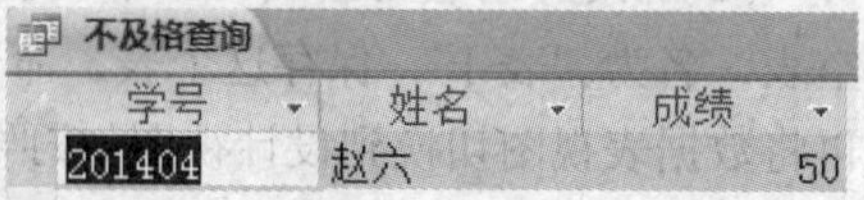

【任务四】

（1）在"创建"选项卡上的"窗体"组中，单击"窗体向导"，出现图 8-9-6 所示的"窗体向导"对话框。

（2）可以在表或查询的基础上创建窗体，这里利用

图 8-9-5　运行结果

任务二创建的查询来创建窗体。在"表/查询"下拉框中选择"查询:成绩查询"，"可用字段"中 4个字段全部加入到"选定字段"中。然后单击"下一步"，弹出如图 8-9-7 所示的"窗体向导"第2 个对话框。

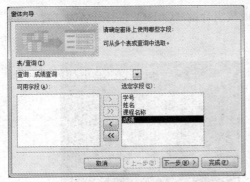

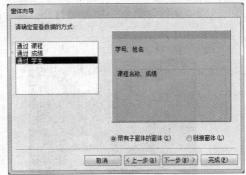

图 8-9-6　"窗体向导"窗口 1　　　　　图 8-9-7　"窗体向导"窗口 2

（3）选择"通过学生"来查看数据的方式，并选择"带有子窗体的窗体"，单击"完成"按钮，弹出所创建的窗体，如图 8-9-8 所示。

4. 实践题

（1）根据本实验任务一的要求建立"学生成绩管理系统"数据库和相应的表，并输入记录。

（2）在"学生成绩管理系统"数据库中建立"选课"查询，查找并显示某个同学的"学号"、"姓名"、"课程名称"和"学时"字段信息，如张三同学的所有选课信息。

（3）使用 SQL 查询，查询某门课程（如大学计算机基础）成绩在 80 分以上的同学。

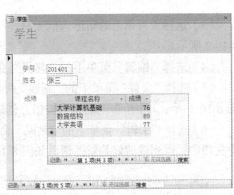

图 8-9-8　创建的窗体

实验 10　Photoshop CS5 的使用

1. 实验目的

学会用 Photoshop CS5 处理图像。具体包括：熟练掌握图像区域选择和图像加工的方法，掌握 Photoshop CS5 中图层的使用。

2. 实验要求

（1）利用矩形选框工具裁剪照片。

（2）制作图片的羽化效果。

（3）利用修复画笔工具抹掉图像上的签名。

（4）利用图层功能制作"我爱奥运"个性图案。

3. 操作步骤

【任务一】利用矩形选框工具裁剪照片（裁剪素材"背景.jpg"中的"荷花"字样）

（1）启动 Photoshop CS5 应用程序。

（2）选择"文件"菜单→单击"打开"命令或按组合键"Ctrl+O"，打开名为"背景.jpg"的图片，如图 8-10-1 所示。

图 8-10-1　照片原图

图 8-10-2　创建矩形选区

（3）选择工具箱上的矩形选框工具，在图像上按住鼠标左键拖动，创建一个矩形选区，如图 8-10-2 所示。

（4）选择"编辑"菜单下的"拷贝"命令或按组合键"Ctrl+C"，对所选区域进行复制。

（5）选择"文件"菜单下的"新建"命令或按组合键"Ctrl+N"，在弹出的"新建"对话框（如图 8-10-3 所示）中单击"确定"按钮，创建新的空文档。

（6）选择"编辑"菜单下的"粘贴"命令或按组合键"Ctrl+V"，将复制的区域粘贴到新建的空文档中，得到裁剪好的新图像，如图 8-10-4 所示。

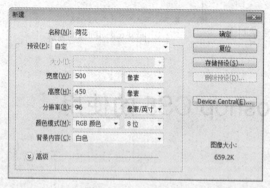

图 8-10-3　新建对话框

图 8-10-4　裁剪后的照片

【任务二】制作图片的羽化效果

（1）启动 Photoshop CS5 应用程序。

（2）选择"文件"菜单→单击"打开"命令或按组合键"Ctrl+O"，打开名为"花.jpg"的图片。

（3）选中套索工具，在其选项栏中输入羽化值 20px，然后在图像上按住鼠标左键拖动，绘制如图 8-10-5 所示的选区。

（4）选择"编辑"菜单下的"拷贝"命令或按组合键"Ctrl+C"，对所选区域进行复制。

（5）选择"文件"菜单下的"新建"命令或按组合键"Ctrl+N"，在弹出的新建对话框中单击"确定"按钮，创建新的空文档。

（6）选择"编辑"菜单下的"粘贴"命令或按组合键"Ctrl+V"，将复制的区域粘贴到新建的空文档中，得到边缘羽化后的新图像，如图 8-10-6 所示。

图 8-10-5　用套索工具创建选区　　　　　　图 8-10-6　羽化后的新图像

【任务三】 利用修复画笔工具抹掉图像上的签名

（1）启动 Photoshop CS5 应用程序。

（2）选择"文件"菜单→打开"打开"命令或按组合键"Ctrl+O"，打开名为"风景.jpg"的图片，如图 8-10-7 所示。

（3）选择修复画笔工具，在选项栏设置画笔值为 40px，按住 Alt 键在图像上设定取样点。

（4）按下鼠标左键在文字上涂抹，松开鼠标后文字被自动擦除，效果如图 8-10-8 所示。

图 8-10-7　有签名的图像　　　　　　图 8-10-8　签名抹掉后的图像

【任务四】 利用图层功能制作"我爱奥运"个性图案

（1）启动 Photoshop CS5 应用程序。

（2）选择"文件"菜单→单击"新建"命令或按组合键"Ctrl+N"，创建新文档并命名为"我爱奥运"，大小为 800 像素 × 600 像素。

（3）选择"视图"菜单下的"标尺"命令或按组合键"Ctrl＋R"，打开标尺并将鼠标放在标尺上，按住鼠标左键拖动至文档中央，创建横、竖两条参考线，如图 8-10-9 所示。

（4）单击图层调板上的"创建新图层"按钮，创建新图层"图层 1"，在工具箱中选择椭圆选框工具，按住组合键"Alt+Shift"的同时从参考线中心按住鼠标左键拖曳至合适大小，创建圆形选区，如图 8-10-10 所示。

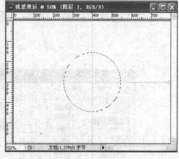

图 8-10-9　设置参考线　　　　　　图 8-10-10　创建正圆选区

（5）将前背景调至黑色，选择"编辑"菜单下的"填充"命令或按组合键"Alt+Delete"对当前选区填充前景色，选择"选择"菜单下的"取消选区"命令或按组合键"Ctrl+D"取消选区。

（6）按住组合键"Alt+Shift"的同时从参考线中心按住鼠标左键拖曳至合适大小，按 Delete 键将选区内容删除，得到同心圆环，如图 8-10-11 所示。

（7）选择"选择"菜单下的"取消选区"命令或按组合键"Ctrl+D"取消选区。

（8）双击"图层 1"的缩览图，选择"投影"选项，使圆环从背景中漂浮起来，详细设置如图 8-10-12 所示。

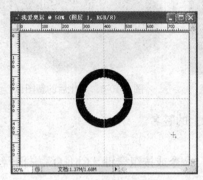

图 8-10-11　绘制同心圆环

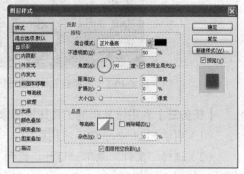

图 8-10-12　设置"投影"选项

（9）选择"图案叠加"选项，为圆环添加纹理，选择图案并调节"缩放"选项使其看起来带有玉石的纹路，详细设置如图 8-10-13 所示。

（10）选择"颜色叠加"选项，选择绿色，在"混合模式"内选择"柔光"选项使圆环有玉的颜色和质感，详细设置如图 8-10-14 所示。

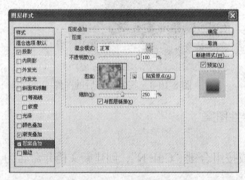

图 8-10-13　设置"图案叠加"选项

图 8-10-14　设置"颜色叠加"选项

（11）选择"内阴影"选项，使圆环鼓起来有玉手镯的感觉，详细设置如图 8-10-15 所示。

（12）选择"斜面和浮雕"选项，为圆环添加高光，使其更加通透，详细设置如图 8-10-16 所示。

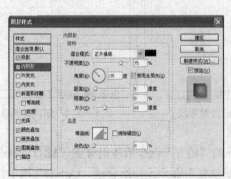

图 8-10-15　设置"内阴影"选项

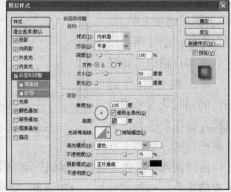

图 8-10-16　设置"斜面和浮雕"选项

（13）选择"光泽"选项，选择相应的颜色，为圆环添加质感，使其更加真实自然，详细设置如图 8-10-17 所示。

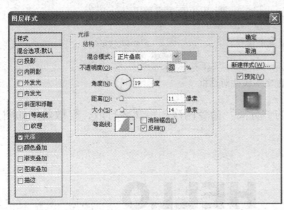

图 8-10-17　设置"光泽"选项　　　　图 8-10-18　最终图层效果及图层调板

（14）打开背景素材"鸟巢.jpg"，将做好的圆环拖入其中，选择"移动"工具并按住 Alt 键拖动，复制圆环并将其摆放在合适的位置，最终图层效果及图层调板如图 8-10-18 所示。

4. 实践题

（1）从网上下载一种图片，对其进行裁剪和羽化操作。

（2）利用 Photoshop 中的图章工具，消除眼镜的反光效果（素材自选）。

（3）制作一张个性化图片（素材自选）。

实验 11　Flash CS5 的使用

1. 实验目的

学会用 Flash CS5 制作简单动画，并进行测试。具体包括：熟练使用文本工具、墨水瓶工具、选择工具、任意变形工具等常用工具，熟悉元件的创建及编辑，学会插入新图层和设置遮罩属性，学会创建动画，学会按钮动画制作等。

2. 实验要求

（1）利用文本工具和墨水瓶工具制作空心字。

（2）制作文字按钮。

（3）利用遮罩层制作多媒体课件的封面。

3. 操作步骤

【任务一】利用文本工具和墨水瓶工具制作空心字

（1）启动 Flash CS5 应用程序，新建一空白文档。

（2）选择文本工具，在其属性对话框中进行如图 8-11-1 所示的设置，然后单击鼠标左键输入文本"HELLO"。

图 8-11-1　设置文本属性对话框

（3）选中文本，重复操作"修改"菜单下的"分离"命令两次，将文字打散，打散效果如图 8-11-2 所示。

(a) 第一次打散　　　　　　　　　　(b) 第二次打散

图 8-11-2　文字打散效果

（4）选中墨水瓶工具，设置笔触颜色为蓝色，填充打散文字的边缘，如图 8-11-3 所示。

（5）按 Delete 键将文字内部填充色删除，最终效果如图 8-11-4 所示。

图 8-11-3　打散文字边缘的填充　　　　图 8-11-4　空心字制作效果图

【任务二】制作文字按钮

（1）启动 Flash CS5 应用程序，新建一空白文档，将背景颜色设为粉色。

（2）单击"插入"菜单下的"新建元件"命令，在弹出的"新建元件"对话框中进行如图 8-11-5 所示的设置，单击"确定"按钮关闭对话框，进入按钮元件编辑窗口，如图 8-11-6 所示。

图 8-11-5　创建"按钮"元件

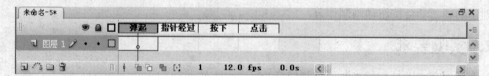

图 8-11-6　按钮元件编辑窗口

（3）在"弹起"帧上选择文本工具，在舞台上输入"ENTER"，如图 8-11-7（a）所示。

（4）选择"指针经过"帧和"按下"帧，分别按 F6 复制关键帧。

（5）选择"指针经过"帧上的文本，使用任意变形工具，按住 Shift 键将文本变大一些，如图 8-11-7（b）所示，并使用对齐面板使其居中对齐。

（6）选择"点击"帧，按 F6 复制关键帧，使用矩形工具绘制一个笔触颜色为蓝色，填充颜

色为黑白渐变色的矩形
块，将文本覆盖，如图
8-11-7（c）所示。

(a)"弹起"帧状态　　　(b)"指针经过"帧状态　　　(c)"点击"帧状态

（7）回到"场景 1"，
将"开始"按钮元件拖到

图 8-11-7　文字按钮

舞台上，选择"控制"菜单下的"测试影片"命令或按 Ctrl+Enter 组合键测试按钮效果。

【任务三】利用遮罩层制作多媒体课件的封面

（1）启动 Flash CS5 应用程序。新建一 Flash 文件，舞台大小设置为 550 像素 × 450 像素。

（2）将"图层 1"更名为"背景"，将"素材.jpg"文件导入到舞台，如图 8-11-8 所示。将"背景"层延续到第 60 帧，并锁定。

（3）选择"插入"菜单下的"新建元件"命令，新建图形元件，命名为"图形 1"，使用矩形工具及文本工具绘制如图 8-11-9 所示的图形。

图 8-11-8　导入背景图片到舞台　　　　　图 8-11-9　"图形 1"元件

（4）新建图形元件，命名为"遮罩"，绘制一个长条矩形，如图 8-11-10 所示。

（5）选择"文件"菜单下的"导入"命令，将"卷轴.jpg"图片导入到库。

（6）新建图形元件，命名为"字幕"，利用文本工具输入如图 8-11-11 所示的内容。

图 8-11-10　"遮罩"元件　　　　　图 8-11-11　"字幕"元件

（7）回到舞台，插入图层，命名为"图形 1"，将"图形 1"元件拖至舞台合适位置，延续到第 60 帧，并锁定。

（8）插入图层，命名为"遮罩"，将"矩形"元件实例放在第 1 帧上，通过任意变形工具调至合适大小，并拖至"图形 1"元件的右侧，如图 8-11-12 所示。

（9）在遮罩层的第 30 帧按 F6 复制关键帧，将矩形移动到覆盖背景图形的位置，如图 8-11-13 所示。在第 1 帧至第 30 帧之间创建补间动画，并将"遮罩"层设置为遮罩层属性，然后隐藏该图层。

图 8-11-12　"遮罩"层第 1 帧　　　　　图 8-11-13　"遮罩"层第 30 帧

（10）插入图层，命名为"卷轴1"。将"卷轴"元件实例放在"图形1"层第1帧。

（11）新建图层"卷轴2"，复制"卷轴1"层第1帧至"卷轴2"层第1帧。将"卷轴1"层和"卷轴2"层的"卷轴"卷轴元件实例平行排列在"图形1"层的右侧，如图8-11-14所示。在"卷轴2"层第30帧按F6复制关键帧，并将"卷轴"元件实例移至"图形1"层的左侧，如图8-11-15所示，并在"卷轴2"层的第1帧和第30帧之间创建补间动画。

图8-11-14　"卷轴2"层第1帧　　图8-11-15　"卷轴2"层第30帧

（12）插入图层，命名为"字幕"，在第31帧处将"字幕"元件实例拖放到舞台合适位置，如图8-11-16，在第60帧按F6复制关键帧，并将"字幕"元件移至舞台适当位置，如图8-11-17，然后在该层的第31帧和第60帧之间创建补间动画。

 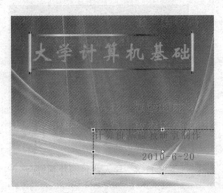

图8-11-16　"字幕"层第31帧　　　　　图8-11-17　"字幕"层第60帧

（13）所有操作完成后的时间轴面板设置情况如图8-11-18所示。

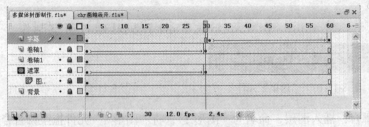

图8-11-18　时间轴面板上图层状态显示

（14）最后，选择"控制"菜单下的"测试影片"命令或按快捷键Ctrl+Enter进行效果测试。

4. 实践题

（1）利用Flash制作个人电子相册。（素材自备）

（2）利用Flash制作一动态日历。（素材自选）

（3）利用Flash制作一个多媒体课件。（内容自定）